Shijian Kepu Zhishi Bidu Congshu

Tianwen Quhua

时间科普知识必读丛书

天文趣话

李芝萍 贾焕阁 编著

内容简介

本书介绍了与时间有关的基础天文知识，回答了“用什么尺子测量天体距离”、“恒星是不动的星星吗”、“为什么星空会随季节变化”等人们普遍关心的一系列问题，讲解了太阳系主要星体的基本情况，并附有近二十年我国可见日月食时间表。本书图文并茂，语言生动，适合中小学生以及对时间科学感兴趣的读者阅读，能帮助读者深入了解天文学基础知识以及天文观测对于确定时间的重要性。

图书在版编目（CIP）数据

天文趣话 / 李芝萍，贾焕阁编著. —北京：气象出版社，2012.6（2015.4重印）

ISBN 978-7-5029-5483-3

Ⅰ. ①天… Ⅱ. ①李… ②贾… Ⅲ. ①天文学－普及读物
Ⅳ. ①P1-49

中国版本图书馆CIP数据核字（2012）第087288号

时间科普知识必读丛书：天文趣话

SHIJIAN KEPU ZHISHI BIDU CONGSHU：TIANWEN QUHUA

出版发行：气象出版社
地　　址：北京市海淀区中关村南大街46号
网　　址：www.qxcbs.com
邮　　编：100081
E - mail：qxcbs@cma.gov.cn
电　　话：总编室：010-68407112　发行部：010-68409198
责任编辑：杨　辉　　**终　　审**：汪勤模
封面设计：符　赋　　**责任技编**：都　平
印 刷 者：北京京科印刷有限公司
开　　本：700×1000　1/16　　**印　　张**：9　　**字　　数**：100千字
版　　次：2012年6月第1版　　**印　　次**：2015年4月第2次印刷
定　　价：15.00元

“时间科普知识必读丛书”前言

感受太阳的东升西落，看着钟表上的指针嘀嗒运转，在日历上查看年月日时——时间虽然看不见、摸不着，但是，我们却能够真切地感受到它。准确地度量、充分地利用和科学地管理时间是人类社会生活和研究自然现象所必不可少的。

从远古至今，人类一直在孜孜不倦地探索时间的奥秘。自人类诞生起，人们就体会着星辰起落、昼夜轮回、四季交替，并逐渐认识到这些变化源于地球的自转和地球绕太阳公转，进而建立起了时间概念。随着对自然界观察的深入和计时工具的产生和进步，人们对时间的认识越来越深入、丰富，在观察天象的基础上创制了多种适合生产生活的计时方法——历法，对时间的度量也越来越细致、复杂和精确。因此，认识时间，不仅要认识日历上的年、月、日和钟表上的时、分、秒，而且要关注广袤宇宙中日月星辰的运行，运用现代化科技手段，不断提高控制和驾驭时间的能力。

时间科学知识丰富而又深奥。对于时间，人们头脑中有许多疑问，这些疑问与天文、物理、气象、历史、民俗等相关，令人迷惑而又耐人寻味。为此，我们编写了“时间科普知识必读丛书”，分《天文趣话》、《时间奥秘》、《古今历法》三个分册，通过对一百四十余个问题的解答，力求从天文、时间、历法三个方面全面介绍与时间相关的科普知识。《天文趣话》分册介绍了与时间有关的基础天文知识，回答了“用什么尺子测量天体距离”、“恒星是不动的星星吗”、“为什么星空会随季节变化”、“宇宙的年龄有多大”、“为什么要观测日食”等问题，还讲解了太阳系主要星体的基本情况；《时间奥秘》分册介绍了授时与计时知识以及一些与时间相关的自然现象，回答了“什么是时间”、“为什么各地使用不同的时间”、“总是东边日出最早吗”、“时间是怎样传送的”、“准确的时间是从哪里来的”等问题；《古今历法》分册介绍了古今中外几种重要的历法以及人们普遍关心的一些历法问题（如农历与二十四节气），回答了“什么是历法”、“2000 年属于哪个世纪”、“春分秋分真的是昼夜平分吗”、“实岁和虚岁相差几岁”、“2012 年 12 月 21 日是世界末日吗”等问题。本套丛书还配有大量插图，附有日月食时间表、历表等。

这套丛书知识全面、图文并茂、语言生动，主要面向中小学生，也适合对时间科学感兴趣的大众阅读，希望能帮助读者更深入、全面地掌握时间科学知识，激发读者探索时间奥秘的兴趣，进而更加热爱科学，珍惜时间。随着科技的发展，时间科学还将不断推进。由于编者水平有限，书中难免有疏漏和不足之处，我们殷切期望读者提出宝贵意见，以便我们修改提高。

目录

"时间科普知识必读丛书"前言
什么是天球 ······ (1)
什么是星座 ······ (4)
黄道十二宫和黄道十二星座 ······ (7)
三垣二十八宿 ······ (9)
星名是怎样确定的 ······ (11)
星等是怎样划分的 ······ (13)
为什么要编星表和星图 ······ (15)
时间计量与恒星的赤经 ······ (20)
用什么尺子测量天体距离 ······ (21)
太阳系头号天体——太阳 ······ (24)
离太阳最近的行星——水星 ······ (32)
最明亮的行星——金星 ······ (36)
人类共同的家园——地球 ······ (42)
地球的卫星——月亮 ······ (50)
地球红色的近邻——火星 ······ (55)
太阳系最大的行星——木星 ······ (61)

带着美丽光环的土星 ……………………………………………… (65)
躺着公转的行星——天王星 ……………………………………… (72)
太阳系最远的行星——海王星 …………………………………… (76)
太阳系有哪些小天体 ……………………………………………… (79)
恒星是不动的星星吗 ……………………………………………… (86)
怎样寻找行星 ……………………………………………………… (88)
怎样寻找北极星 …………………………………………………… (93)
为什么星空会随季节变化 ………………………………………… (95)
地球的自转均匀吗 ………………………………………………… (96)
什么是岁差和章动 ………………………………………………… (98)
什么是极移 ………………………………………………………… (100)
怎样确定极移 ……………………………………………………… (102)
漂移的北回归线 …………………………………………………… (104)
时纬残差异常与地震预测 ………………………………………… (107)
怎样给地球计时 …………………………………………………… (109)
宇宙的年龄有多大 ………………………………………………… (113)
什么是月相 ………………………………………………………… (115)
地球上只能看到月球的一面吗 …………………………………… (117)
为什么大白天也能看见月亮 ……………………………………… (119)
什么是蓝月亮 ……………………………………………………… (120)
天文年历包括哪些内容 …………………………………………… (122)
您知道《天文普及年历》吗 ……………………………………… (124)
为什么会出现日月食 ……………………………………………… (125)

什么是沙罗周期 ……………………………………………………（129）
为什么要观测日食 …………………………………………………（130）
2012—2030 年我国可见日食 ………………………………………（133）
2013—2030 年我国可见月食 ………………………………………（136）

什么是天球

朋友，不知您是否有这样的感觉，当您抬头观天，天空仿佛是一个硕大无比的蒙古包笼罩在头顶，日月星辰似乎都等距离地分布在一个半球面上，此时不论您是在我国首都北京，还是在西南边陲昆明，或者是在宝岛台湾，总是觉得自己在这半球的中心。基于这种感觉，天文学家把以观测者为球心，以无限大为半径所绘出的假想球面称为天球，各种天体不分远近，沿着观测者对天体的视线被投影到这个天球面上，天文学家应用天体投影在天球上的点和点之间的大圆弧段表示它们之间的位置。

清代乾隆时期的金天球仪

我们知道地球在绕着通过地心的一根轴自转，地球上的一切物体都随着地球的自转在作圆周运动。地球不同纬度上的自转速度是不一样的，赤道上的自转速度为464米/秒，几乎可与子弹的飞行速度相比，纬度越高，速度越小。在纬度40°地区，自转速度为355米/秒，比普通的喷气式飞机要快。然而生活在地球上的我们对地球如此快的自转却毫无感觉，这如同我们在风平浪静的时候乘一艘大船顺风而下，如果不看船外的景物，便体会不到船在行走。那么地球外面的景物是什么呢？那就是日月星辰。我们看到日月星辰每天在天空东升西落，这种运动叫天球的周日视运动，它是地球自转的反映。

在周日运动的过程中，星星之间的相对位置和星座的形状看不出有什么改变，因此，人们认为整个天空是在绕着一条轴线旋转，这条轴线称为天轴。天球绕天轴做周日旋转时，有两点是固定不变的，这两点叫天极，北面的叫北天极，南面的叫南天极。实际上，南、北天极就是地球自转轴无限延长与天球的交点。把地球赤道面无限扩大，和天球相交的大圆，称为天赤道，它把天球拦腰分为南北两个半球。通过观测者的铅垂线与天球相交于天顶（即观测者头顶方向）和天底两点，它与天球相截的大圆就是地平圈。地平圈与天赤道相交于东点和西点，过天球两极和天顶的大圆称为天球子午圈，它与地平圈相交于南点和北点。

天体自东向西通过观测者的子午圈的瞬间叫中天，天体每天两次经过子午圈，其中离天顶较近的一次称为上中天，离天顶较远的一

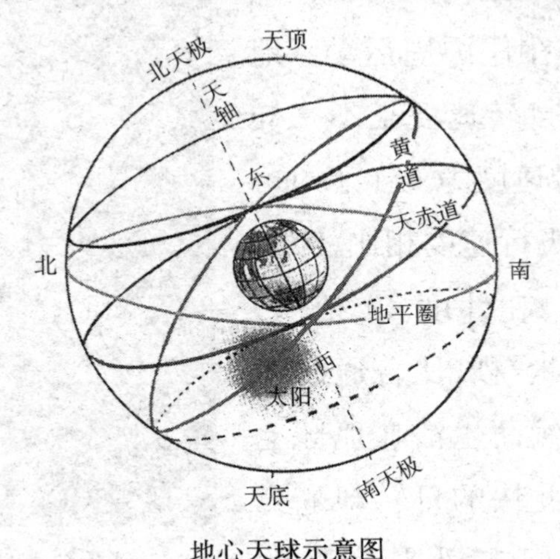

地心天球示意图

次称为下中天。天体上中天时地平高度达到最大值，最容易被看到。

地球除了自转，还绕太阳公转。从地球上看太阳每天在天球上的位置自西向东差不多移动 1°，一年移动一周。然而，太阳出现的时候，强烈的阳光使我们无法看到它附近的星空，此时无法直接观察太阳在天球上的移动。但我们却可以在傍晚时分进行观测。太阳落山后，出现在天空西边的星座在一年中会不断更换，这就是太阳在各星座间视运动的反映。

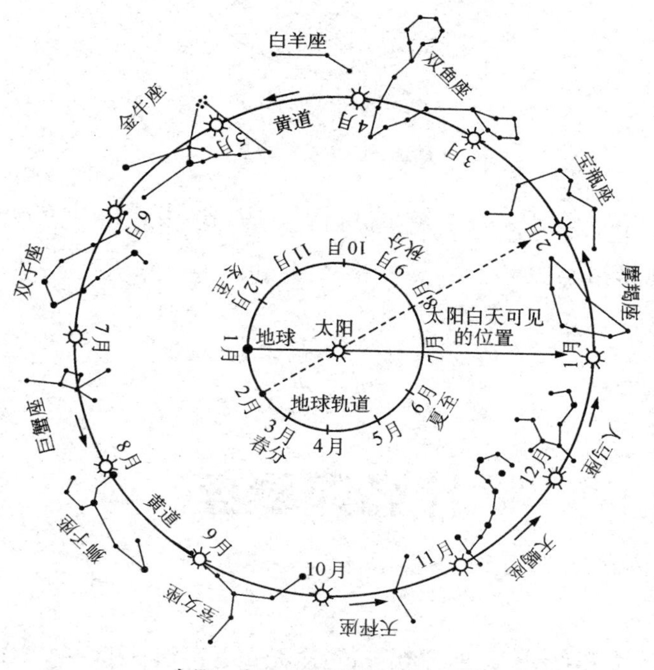

太阳一年中在星座间的视运动

太阳在天球上的视运动路径叫黄道。黄道与天球赤道相交的两点称为二分点，太阳沿黄道由南向北经过天赤道的那一点叫春分点，太阳沿黄道由北向南经过天赤道的另一点叫秋分点。黄道上与二分点相距 90°的两点称为二至点，天赤道以北的称为夏至点，天赤道以南的称为冬至点。黄道的两极为北黄极和南黄极，黄道和天赤道有一个23°26′的交角。

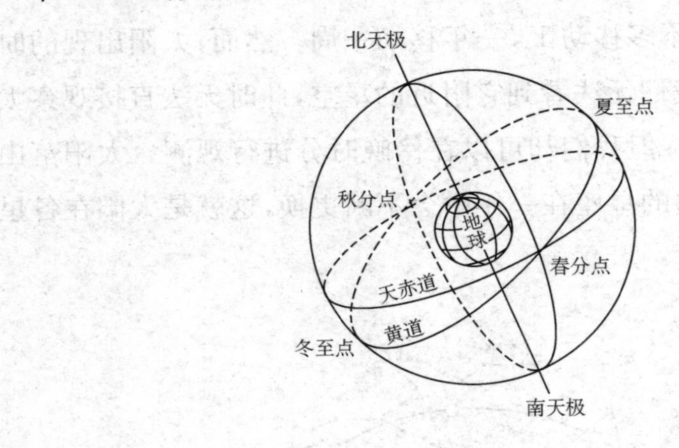

天球上的二分二至点

如果您想观察星空，了解时间和历法，这些天球上的点、线、圈的概念都是必备的知识。

什么是星座

最后一抹斜阳没入地平线，这时天幕四合，闪闪发光的星星一颗接一颗地出现了，一眼望去，那明暗不一的繁星有如大海中飘忽不定的渔火，显得有些杂乱无章，但仔细分辨，会发现星星大都有着一种优美和谐的布局。您看，这边七颗亮星组成一个大勺子，那边几颗星组成一个十字形，再看那些星星多么像拉丁字母 W……各种各样的图案令人目不暇接。您也许想不到，我们现在正在重复几千年前古人所做的一项工作——凭想象划分星座。

当人类文化还处在摇篮时代，世界上一些古老民族就以其长着翅膀的想象力，对天空一群群星星作妙趣横生的描述。可以说，在如何认识星空这个问题上，不同地域、不同民族的古代先民走的道路几乎是相同的：或首先认识天空中少数最亮的星，然后通过它们再去认识更多的星；或是将一组星星看作一个图形，认识了这个图形再去熟悉其中的星星，这些图形就是星座。不少民族的先民都曾根据自己的习俗和感觉划分过星座，记录并研究了数以千计的星星，这些风格迥异的星座文化反映了不同民族的文化底蕴，是一份宝贵的文化遗产。

登封观星台

它位于河南登封，建于元朝初年，是中国现存的最早天文台。

据说，世界上最早将恒星划分成群，分而治之的是生活在幼发拉底河和底格里斯河流域下游的迦勒底人。迦勒底人是个游牧民族，喜爱占星，只要天气好，他们每天都要观察星空的变化，以此预卜人世间的凶吉祸福。为了占星的需要，迦勒底人把显著的亮星，用想象的虚线连接起来，描绘出各种动物和人物的形象，这就是世界上最初诞生的星座。因为最早的十二个星座都分布在黄道上，所以称它们为黄道十二星座，又因为这十二个星座大多以动物命名，也称作兽带。

大约在公元前540年前后，迦勒底人征服了巴比伦人，但却被巴比伦人同化了。巴比伦人曾创造了古代两河流域文化最兴盛的时代。除黄道十二星座之外，巴比伦人又增加了其他一些星座。后来，巴比伦星座传入希腊，希腊人接受了这些星座的名称，自己也建立了一些星座，并把它们与娓娓动听的神话传说联系起来，构成了独特的星座文化。

公元前2世纪，希腊天文学家托勒密总结天文学成就而编制的一份比较完备的星表上已列出了48个星座。这些星座无一例外，都是北天星座。

15世纪前后，航海技术有了很大的发展，欧洲航海家不断到南半球探险，随之划分了一些南天星座。这些星座的命名完全脱离了神话，差不多都与探险者们的发现有关。

17世纪末，波兰著名业余天文学家赫维留在他编绘的一本精美星图上，在历史上已形成的星座间插入了一些小星座，如鹿豹、猎犬、狐狸、天鸽等。18世纪，人类进入科学启蒙时代，法国天文学家拉卡耶又在南天“创造”了14个星座。这些星座的名称带有鲜明的时代气息，如望远镜、显微镜、圆规、罗盘等。至此，全天星座的格局已基本形成。

今天我们在星图上看到的88个星座是1922年国际天文学联合会正式确定下来的。这些星座是按照天球上的经纬线（赤经、赤纬）划分的：北天28个，黄道12个，南天48个。面积最大的星座是长蛇座，占整个天球面积的3%，其次是室女座；面积最小的是南十字座，仅占全天球的0.16%。按肉眼可见的恒星数计算，拥有恒星最多的星座是天鹅座，有6等以上的恒星191颗，半人马座以一颗之差，屈居第二；星数最少的星座是小马座，6等以上的恒星只有10颗。拥有亮星最多的星座是猎户座，其次是大犬座和大熊座；拥有亮星最少的星座是雕具座、山案座、显微镜座、六分仪座和狐狸座，在它们之中没有亮于4等的恒星。位置最北的星座是小熊座，北天极位于这个星座之中；位置最南的星座是南极座，南天极在这个星座之中。

如今，天文学家主要根据天球坐标寻找和记录天体，星座已不大用得着了，但对刚刚接触星空的天文爱好者来说，通过星座认星仍然是一条捷径。

黄道十二宫和黄道十二星座

公元前13世纪，古巴比伦天文学家为了表示太阳在黄道上的位置，将黄道分成十二段，从春分点起，每30°为一宫，每一宫冠以专门的符号和名称，依次为白羊宫、金牛宫、双子宫、巨蟹宫、狮子宫、室女宫、天秤宫、天蝎宫、人马宫、摩羯宫、宝瓶宫和双鱼宫。黄道十二宫和黄道上的十二个主要星座不仅符号、名称一模一样，而且2 000多年前它们基本上是一一对应的。每年3月21日前后，太阳从赤道以南来到春分点，当时春分点在白羊座，所以称白羊宫为黄道第一宫。随着时间的推移，今天的春分点已移到双鱼座，黄道十二宫和黄道十

登德拉神庙的黄道十二宫图

二星座虽然符号、名称依旧，但宫和星座已经“错位”，这是为什么呢？

原来，地球不是一个标准的正圆球体，而是一个两极处稍扁，赤道处略微隆起的旋转椭球体。隆起的这部分物质受太阳和月球的引力作用，使得地球自转轴的方向发生缓慢的移动，于是天球的北极就改变了（天球的北极就是地球自转轴所指的方向），天球的赤道面也随之改变。作为天赤道与黄道交点之一的春分点自然也随之渐渐地改变，天文学上称之为“日月岁差”。岁差使得春分点在黄道上自东向西以每年 50.37″的速度缓慢地后退，大约要 26 000 年绕黄道一周。

春分点西退，白羊宫也随之西退，而恒星天空中的白羊星座却没有受到影响。2 000 多年过去了，现在白羊宫所对应的星座已经不是白羊座而是双鱼座。现代星图中，春分点都标在双鱼座内，但那里依然是白羊宫的起点。

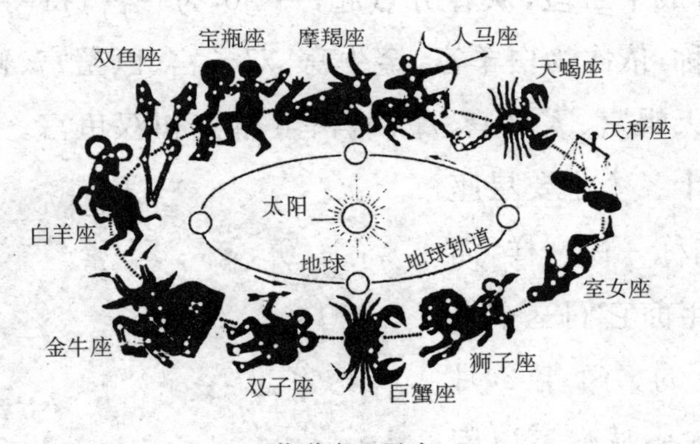

黄道十二星座

除此之外，黄道十二宫与黄道十二星座还有不同之处，那就是黄道十二宫是太阳的行宫，宫与宫大小相等，间距也相等，而黄道带（位于黄道两侧各宽 8°的区域）上的十二个星座却大小不等，间距不一。

黄道十二宫在古代许多民族的历史上都有过记载，对编制历书、划分时代起过一定的作用。为了帮助大家记住黄道十二宫的顺序和名称，有人编了下面这首打油诗：

白羊金牛道路开，双子巨蟹联翩来；
狮子室女光灿烂，天秤天蝎共徘徊；
人马摩羯弯弓射，宝瓶双鱼把头抬；
春夏秋冬分四季，十二宫里巧安排。

三垣二十八宿

我国是世界四大文明古国之一，也是天文学发展最早的国家之一。在星座划分上，我国和西方国家有着很大的差异，三垣二十八宿是我国特有的天空划分体系，是古代观测星辰的基础，历来为研究者们所重视。

“垣”就是城墙的意思，三垣是紫微垣、太微垣、天市垣的总称。从史料上看，三垣的划分不是一次完成的。紫微垣、天市垣的划分可能出现在战国时代前后。太微垣的出现较晚，直到唐初，在《立录诗》中才见到记载。

紫微垣靠近北天极，位居北天中央位置，包括今天小熊、大熊、天龙、猎犬、牧夫、武仙、仙王、仙后、英仙、鹿豹等星座。在我国北方地区，这部分天区是永不没入地平面的，

天河全图

称为拱极星区域，好像整个星空都在围绕它们转动。太微垣在紫微垣的东北方向，位于北斗七星的南面，包括今天室女、后发、狮子等星座的一部分。天市垣在紫微垣的东南方向，包括今天天鹰、英仙、巨蛇、蛇夫等星座的一部分。

在 3 000 年前或更早，我们的祖先就已注意到，月球大约 28 天在天球上运行一周，这就是天文学上所说的“恒星月”。由于月亮大体上是沿着黄道运行的，所以古人就沿黄道自西向东把全天分成 28 个大小不同的区域，每个区域叫一宿，意思是月亮每夜的住所。二十八宿的名称是角、亢、氐、房、心、尾、箕、斗、牛、女、虚、危、室、壁、奎、娄、胃、昴、毕、觜、参、井、鬼、柳、星、张、翼、轸。由于古人仅凭肉眼观测，所以要在每一宿中选取一颗较亮的恒星作为标准，被选中的星称为距星或距度星。如角宿距星为室女座 α，中文名为角宿一；箕宿距星为人马座 γ，中文名为箕宿一；觜宿距星为猎户座 λ，中文名为觜宿一。由于这一原因，造成了星宿大小广狭不同，而且有的星宿偏离黄道很远，甚至跑到赤道附近去了。现在所知最早的各宿距度值是公元前 7 世纪测定的，后世不断有人测量，精度越来越高。

二十八宿创设之初是为判断季节用的，后来随着天文学的发展，其作用不断扩大，在现代天文学形成之前，它不仅在编制历法、计算二十四节气等方面发挥了重要作用，而且是归算太阳、月亮、五星（金、木、水、火、土），乃至流星、彗星位置的标准。古人后来又将二十八宿按一定次序分成四组，每组七宿，分别代表东南西北四个方位，用四种颜色、四种动物形象与之相配，称作四象或四陆，即东方苍龙（角、亢、氐、房、心、尾、箕），北方玄武（斗、牛、女、虚、危、室、壁），西方白虎（奎、娄、胃、昴、毕、觜、参），南方朱雀（井、鬼、柳、星、张、翼、轸）。

黄昏时，哪一象出现在东方地平线上，便知道了哪一季节的到

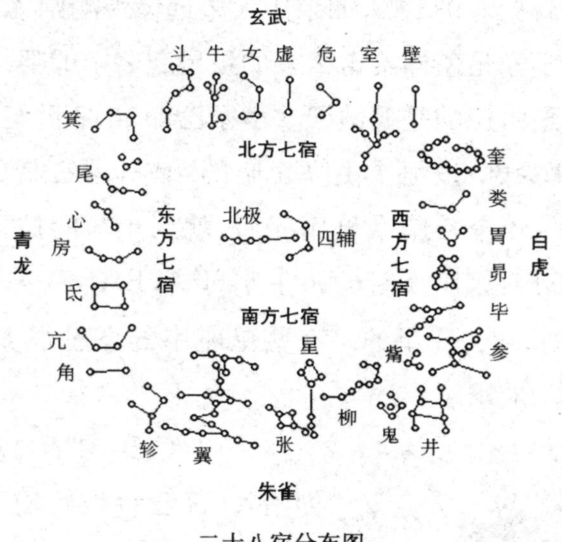

二十八宿分布图

来。农历每年二月初的黄昏，苍龙七宿的第一宿——角宿从东方地平线上出现，这时整个苍龙的身子尚隐没在地平线以下，故民间有“二月二，龙抬头”的说法。由于岁差的原因，现在角宿出现于东方已推迟到三月以后。人们关心“龙抬头”，是因为二月与农业生产有密切的关系，“二月二，龙抬头，大仓满，小仓流”，这首民谣表现了人们对丰收的渴望。

星名是怎样确定的

人们一出生，甚至在出生之前，父母就起好了名字，不管是俗是雅，名字是我们走入社会进行人际交往必不可少的。我们仅用肉眼能看到的星星就有 6 974 颗，如果用大望远镜观测则无法计数。您一定想知道天文学家是怎样给这么多的星星起名字的吧。

天文学家最常用的是德国天文学家巴耶尔 17 世纪初提出的一种方法，即以星座为姓，按恒星由亮至暗的顺序，用希腊小写字母 α，β，γ，δ……命名。24 个希腊字母用完后，就用小写的拉丁字母 a，b，c，d……若再不够用，再用大写的拉丁字母 A，B，C，D……但 R 以后的字母是专门用来命名变星的。有些星座中的亮星很多，希腊字母和拉丁字母就供不应求了。

约翰·佛兰斯蒂德

(1646—1719)

1712 年，英国格林尼治天文台的创始人、首任台长约翰·弗兰斯蒂德刊布了著名的《不列颠星表》，他将从英国可以观测到的 52 个星座中的恒星，从星座的西边界开始，用阿拉伯数字编号，从而解决了恒星"无名氏"的问题。这种方法沿用至今，与巴耶尔命名法齐名。

此外，还可以用星表简称和序号给恒星命名，比如，德国天文学家阿格兰德发现的一颗 6.5 等星在《哈佛星表》里是"HD103095"，在《史密松天体物理台星表》里又变成了"SAO62738"。有的星未被编进星表，可以直接用它的坐标(赤经、赤纬)来表示。

我们的祖先很早就注意到一些明亮或有特征的恒星，并给它们起了名字：有的是根据恒星所在的天区命名的，如天关星、天津四、北河三；有的是根据神话故事命名的，如织女星、牛郎星、北落师门；有的是根据恒星的颜色命名的，如大火星；有的是根据二十八宿命名的，如角宿一、心宿二、参宿四。紫微垣的星名有皇帝、后宫、太子，还有皇帝的近侍、仪仗、御厨房等；太微垣的星名大多是朝廷官员；天市垣的一部分星则是以春秋战国时期列国命名的，如晋、郑、周、秦、蜀、巴、梁、楚、韩、魏、赵、齐等。此外，以贸易、建筑、山川河流、禽畜鱼兽、自然现象、器物设施命名的恒星也不在少数。这些五花八门的名称似乎缩短了我们与星星的“距离”，平添了一种亲切感。

星等是怎样划分的

天上的星星有亮有暗，更有的星星只能看到一些微弱的光。这些亮度的差异造就了每颗星星的不同个性，使整个星空显得多姿多彩。为了描述星星的光亮程度，公元前 2 世纪，希腊天文学家伊巴谷想出了用星等来分辨星星亮度的方法。他把肉眼能看到的星星分为 6 等，最亮的星是 1 等星，亮度次一些的是 2 等星，以此类推，最暗的是 6 等星。19 世纪中叶，英国天文学家普森详细测量了 1 等星和 6 等星的亮度差异，发现 1 等星比 6 等星亮 100 倍。因此，天文界规定，星等每差一等，亮度相差 2.512 倍。为了更精确地比较星星的光亮程度，又使用了带小数点的星等。对于少数比 1 等星还亮的星，使用了 0 星等和负星等。譬如，织女星是 0.04 等，天狼星是－1.45 等，金星最亮时是－4.4 等，满月约是－12.5 等，太阳约是－26.7 等。

随着望远镜口径的增大，可以看到的暗星越来越多，用口径 5 米的大型天文望远镜可以观测到23等的暗星。这种用目视观测测定的星等叫目视星等。

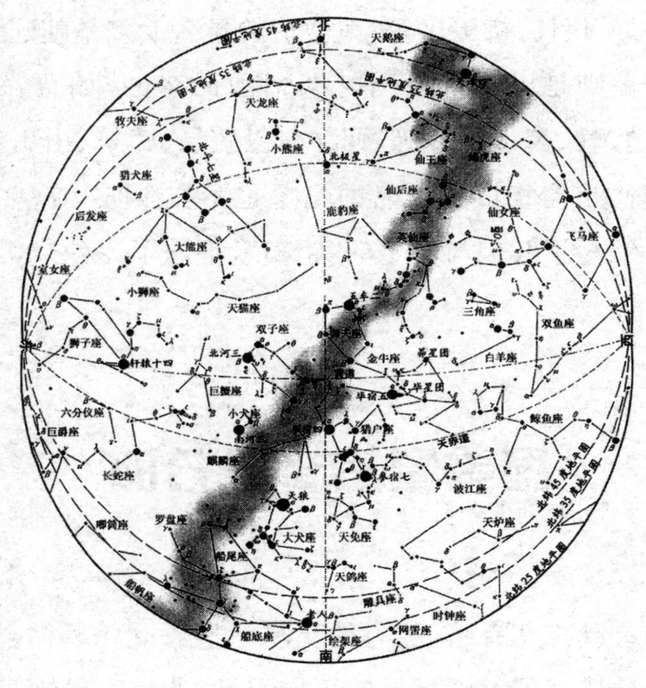

冬季星空图

图中根据星等的大小将星画成不同的点，点越大表示星等越大。

除此之外，天文学家还用照相底片代替肉眼观测。星光亮度越大，照相底片感光黑度越浓，根据照相底片上感光强度定出的星等叫照相星等。由于照相底片对蓝光敏感，对红光不敏感，所以用照相底片测定星等，红色的星显得暗，星等大；蓝色的星显得亮，星等小。

恒星距离有远有近，在夜空中看起来很亮的星或许是距我们很近的暗星，而星空中一颗看起来很暗的星却可能是一颗距我们很远的亮星。因此，恒星的目视星等不是恒星的真实亮度。为了客观地比较恒星的亮度，天文学家把恒星都“移”到相同的距离——10秒差距[1](32.6光年)处，这样测得的星等为绝对星等，是恒星的真实亮度，叫做光度，表示恒星每秒钟发出光能的大小。您相信吗，白天光辉夺目的太阳绝对星等才4.83等。在恒星世界中太阳是一颗不大不小，普普通通的恒星，只是因为离我们最近，所以看起来才最亮。

为什么要编星表和星图

虽然天文学家给星星起了名字，但是要想将那么多的星星一一记住绝非易事，更何况，由于周日视运动和周年视运动，在不同的时候和不同的地点所看到的星星是不一样的。因此，我们在记住星星名字的同时，还要把它们的位置和特征记下，这就是所谓的星表，有点儿像我们日常所用的通讯录。星表的基本内容包括恒星的名字、在天空中的位置(赤经、赤纬)，以及其他主要特征，如自行、视差、星等、光谱型等数据。星表的编制是天体测量学研究的主要内容之一，是天文学的基本性课题，具有非常重要的实用价值。

战国中期，魏国天文学家石申编制的《石氏星经》是世界上最早的星表，载有121颗星的位置。之后，公元2世纪，古希腊天文学家伊巴谷编制了西方第一本星表，载有1 022颗星的位置，并将恒星按亮度分为6等。200年后，由古希腊天文学家托勒密对伊巴谷星表进行修改和补充，制定出著名的《托勒密星表》，经过多次重新测定和重

---

① “秒差距”可参看后面“用什么尺子测量天体距离”一节。

编，沿用了 1 500 年，直到 18 世纪初才陆续出版了一些新的星表。

19 世纪以来，随着新式望远镜的使用，星表精度有了显著提高。德国天文学家阿吉朗德历时 11 年之久编制的《波恩星表》于 1863 年正式出版，包括了大卷星表和 37 幅星图，测量了全天暗至 9.5 等的恒星 324 198 颗，坐标精度在 0.1″之内，亮度误差不大于 0.1 星等。在以后的半个多世纪里，它一直是天文学家不可或缺的工具，而且为今天的恒星自行研究提供了可靠的依据。1875 年阿吉朗德逝世后，他的学生斯琼费尔德又用 11 年的时间编成一本载有 133 659 颗恒星的《波恩南方星表》，把《波恩星表》的南界推进到赤纬－23°，这是最后一本目视观测的完备星表。

星表种类繁多。给出精确位置数据且分布比较均匀，整体精确度较高的基本星表是一切星表的基础，主要用作天文参考坐标系和恒星位置的相对测定时的定标星系统。现代最重要的基本星表是德国天文学会编制的《奥韦尔斯基本星表》，其最新版本称为 FK5，1988 年出版，包括 4 852 颗星。此外，著名的还有纽康星表、博斯星表、N 星表等。

相对星表是供天文观测时寻找目标天体用，或作大量恒星位置数据统计用的。星表中恒星的位置数据是用专门的设备和方法观测得来的。用照相方法测定的相对星表，称为照相星表。1887 年第一届国际天文照相会议决定，用照相方法编制全天照相星表，这是一项大规模的国际合作，由十几个天文台使用标准天体照相仪进行观测，以编制星等亮于 11 等的照相星表，这项工作虽然开始于 19 世纪，但直到 1997 年，全新的照相星表才问世。462 万多条记录涵盖了全部 11 等以上的恒星，最暗的目标只有 13 等。1989 年欧洲空间局发射了伊巴谷天体测量卫星，精密测定了 11.8 万颗恒星的精确位置，精度高达0.001～0.002″，超过了FK5。1996年，美国海军天文台编纂了一份名为USNO-B的星表，包括4.9亿多颗恒星和星系，后又扩充到1 045 913 669颗暗至21等的天体，是当前星数最多的星表。

除了为确定恒星位置和运动而编制的基本星表和相对星表之外，还有不少为特殊目的而编制的星表，如暗星星表、黄道星表、20世纪60年代美国史密松天文台为照相测定人造卫星位置而编制的史密松星表等。

天体物理学兴起后，除恒星位置、自行等基本参数外，其他如恒星视差、色指数、光谱型、视向速度等恒星数据逐渐成为星表的重要组成部分。由此出现了侧重于某些天体物理量的星表。20世纪70年代以来，根据高空观测和空间探测取得的资料，编制了光波以外的辐射源星表，极大地丰富了星表资料库。

天文学日新月异的发展使星表种类不断增加，质量也大为提高。恒星位置、自行和距离的测定，正在用多种观测手段向越来越暗的目标推进。各种类型的天体物理参数的测定，正以各种可能的手段在整个电磁波段进行，并向越来越细的结构方面发展。

有了星表，寻找星星就容易多了。但是对于缺少经验的人来说，面对星表中密密麻麻的数字，仍感到手足无措。星图为人们提供了一种更直观、更方便的方法。

星图是将天上的恒星按照它们的球面视位置投影在平面上绘制而成的图册。星图上一般绘有坐标，多数用赤道坐标，也有用黄道坐标和银道坐标的。为了适应不同的需要，天文学家绘制了许多不同类型的星图，如恒星星图、气体星云图、河外星系图；适应于不同波段（如射电辐射、红外线、可见光、紫外线、X射线和伽马射线）的各种巡天星图等。除了供天文工作者使用的各种专业星图外，还有专门为天文爱好者认识星空、寻找星星而设计的简易星图。

14 世纪以前留存下来的科学星图主要是我国的星图，内容比较准确，反映的天象也比较完整，如著名的敦煌星图和苏州石刻天文图。现存于苏州市博物馆内的苏州石刻天文图，刻于 1247 年，是我国珍藏的最重要的古代星图之一，共刻有恒星 1 400 多颗，银河带也斜贯在星图上。该图是根据北宋元丰年间的恒星观测的实测值绘制的，因此恒星的位置一般较为准确。17 世纪初望远镜发明后，欧洲出现较早的星图是波兰天文学家赫维留所编的《天文图志》(1657—1690 年)中的 54 幅星图。赫维留的星图经后人修订，于 1725 年再版，绘有2 866 颗星。之后著名的星图为 1863 年出版的《波恩星表》中的星图。

早先的星图靠天文学家用肉眼观测和手工绘制，费时费力且精度不高。20 世纪初开始，天文学家用照相机将星空拍摄下来编成照相星图。最著名的《帕洛玛全天星图》，是由美国国家地理学会和帕洛玛山天文台用 1.22 米施密特望远镜合作拍摄的，从 1950 年到 1956 年，系统地拍摄了从天球北极到南纬 33°的天区，共拍摄了 1 870 幅星图，22 等以上的恒星尽在其中。1972 年在南半球天文台的协作下，扩展到南纬 45°。之后，欧洲南方天文台用与帕洛玛天文台同样的设备和技术于 1999 年将《帕洛玛全天星图》延伸到南纬 90°，覆盖了整个天球，并且已经完全数字化，所有的数据被压缩在 200 张光盘上，总星数为几十亿颗，是目前最权威的恒星位置数据。

我国古代星宿区划和恒星名称，同现代国际通用的星座、星名完全不同，这使以恒星为背景的历代天象资料在整理和应用上都有相当的困难。我国著名天文科普专家伊世同先生独辟蹊径，编绘了《中西对照恒星星表1950.0》(1981)和中西对照的《全天星图》,填补了国内外在这方面的长期空白,得到业内人士和天文爱好者的广泛赞誉。

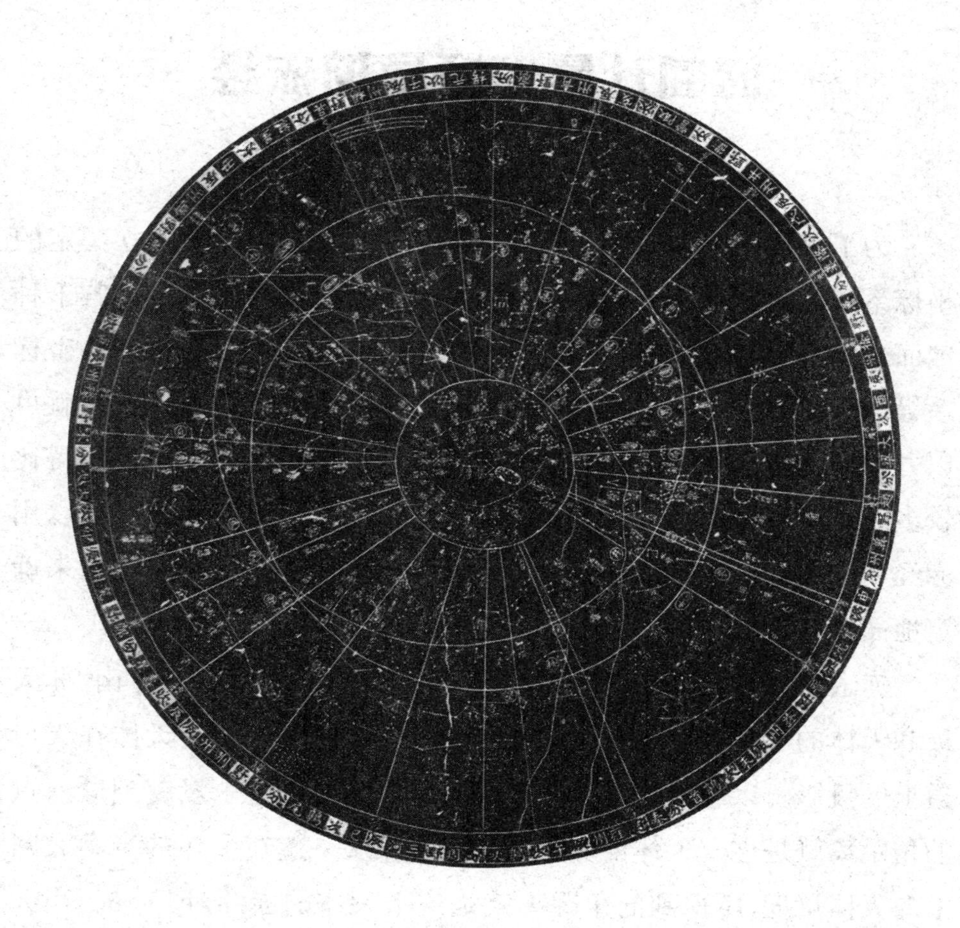

苏州石刻天文图

苏州石刻天文图,以天球北极为中心,画有三个不同直径的同心圆,最里面的小圆称作内规,对于我国中原地区(北纬35°左右)来说,在内规之内的天体一年到头在地平线上围绕北天极作周日旋转,所以这个小圆也叫恒显圈;中圆代表赤道;最外面的大圆代表南纬55°的赤纬圈,称作外规,外规以南的天体一年四季都在地平线以下,永远看不见,所以外规也称恒隐圈,与赤道斜交的是黄道。

时间计量与恒星的赤经

为了表示一个天体在天空中的位置，需要在天空中建立一定的坐标系统。天文学家把天空看成是一个巨大的球面，建立了若干种球面坐标系统，如地平坐标系、时角坐标系、赤道坐标系和黄道坐标系等。只要知道某一天体在某一球面坐标系统中的相应坐标，就可以方便地确定它当时在天空中的位置了。在现代天文学中使用得比较多的是赤道坐标系。在赤道坐标系中，任何天体的位置都可以用赤经和赤纬两个坐标来表示，就像用地理坐标——经度和纬度来确定地面上各点的位置一样。

赤道坐标系以天赤道为基本圈，以春分点为原点。通过南、北天极和天体的半个大圆与天赤道相交于一点，这一点就是天体在天赤道上的投影。以春分点为起点，沿着天赤道从西向东量度到这一点的角距离就是这个天体的赤经，记为 α；从这一点在上述的半个大圆上向天体量度，所得到的角距离就是这个天体的赤纬，记为 δ。当天体在天赤道以北时，其赤纬为正，在天赤道以南则取负值。天体周日视运动不影响春分点与天体之间的相对位置，因此，不会改变天体的赤经、赤纬，观测也不会影响赤道坐标数值，所以在各种星表中通常都使用赤道坐标。

如上所述，恒星的赤经就是它在天赤道上的投影与春分点之间的角距离，它是由西向东量度的，也就是说，沿着天赤道的方向看，恒

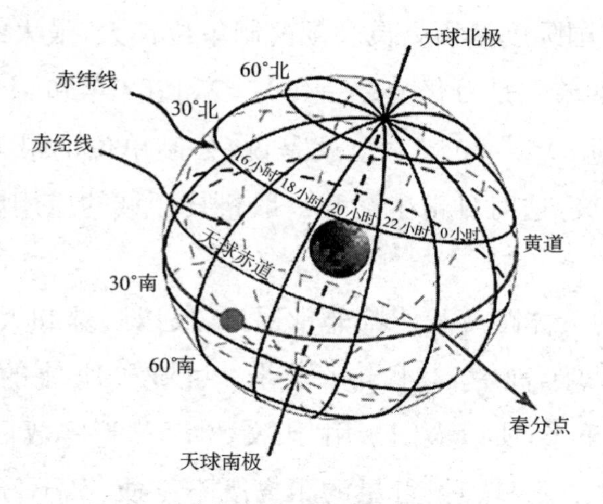

天球与天球的赤道坐标系

星是按其赤经的大小从西向东排列的，赤经小的在西边，赤经大的在东边。选用位于正南北方向上的子午线作为观察星象的基准线，由于地球自转，我们可以看到恒星按照其赤经的大小依次通过这条基准线，赤经小的先通过，赤经大的后通过，而且赤经不同的两颗恒星通过基准线的时刻之差与它们的赤经之差是成正比的。因此只要记录下两颗恒星通过基准线的时刻，根据这两个时刻之差就可知道它们的赤经差了。今天，人们经常用时间单位来表示恒星的赤经值。

用什么尺子测量天体距离

1795年，法国科学家在世界上第一次建立公制单位。长度单位为米，最大的单位是千米（10^3 米），最小的单位是毫米（10^{-3} 米）。

1958 年，巴黎国际度量衡委员会把公制单位扩大，最大的单位是万亿（10^{12}），最小的单位是万亿分之一（10^{-12}），1962 年和 1975 年，又先后将单位扩大到 $10^{18} \sim 10^{-18}$。也就是说，公制单位的最大和最小相差有 36 个数量级，这对日常生活和一般科技领域的应用应该说是绰绰有余了。

宇宙中的天体距离我们都非常遥远，仅以月球和太阳为例，月球和地球的平均距离是 384 400 千米，太阳和地球的平均距离是 149 597 870 千米，所以人们常用“天文数字”来形容数目之大。

用千米来表示日、月、行星的距离既不方便，又不好记忆。于是，天文学上选用太阳和地球的平均距离作为尺子，这把尺子叫做“天文单位”。用天文单位度量太阳系行星的距离分别为：水星 0.387，金星 0.723，地球 1，火星 1.52，木星 5.20，土星 9.54，天王星 19.2，海王星 30.1 天文单位。

但当我们度量恒星的距离时，“天文单位”这把尺子又显得太小了。我们的银河系有 2 000 亿颗恒星，离太阳最近的恒星是半人马座中的比邻星，它与太阳的距离大约有 267 000 天文单位，这个数字还是太大了，所以天文学家把“天文单位”换成了“光年”，即光在一年内所走的距离。光的传播速度大约为每秒 300 000 千米，1 光年差不多是 10 万亿千米。用光年作单位，比邻星与太阳的距离是 4.22 光年，而银河系的主体——银盘直径达 30 万光年。

用常人的眼光看，银河系已经大得不得了了，但在广袤无垠的宇宙中银河系不过是沧海一粟，像这样的星系仅观测所及的数量就多达 10 万亿以上，天文学家称它们为河外星系，简称星系。离我们最近的星系——大麦哲伦云距地球约 15 万光年，小麦哲伦云大约 17 万光年，已知最远星系与地球的距离约为 160 亿光年。而且星系有成团的倾向，一般的星系集团叫星系团，银河系和仙女座星系等40多个星系团组成本星系群。对于这些天体的大小和距离，天文学家往往用"秒差距"，以1天文单位对某点张角为1角秒，此点到地球的距离即为1秒差距，1秒差距为206 265天文单位，约3.26光年。对于更遥远的天体，"秒差距"这把尺子仍太短，天文学家还经常用"百万秒差距"。那是多少呢？326万光年！著名的室女星系团离我们约6 000万光年，约合18百万秒差距。

星系团并不是宇宙中最大的结构，它们本身仍在更大的尺度上聚集成团。如本星系群属于以室女座星系团为中心的本超星系团，直径约为30百万秒差距。在本超星系团的周围还存在着其他超星系团，它们的典型直径为几千万秒差距。

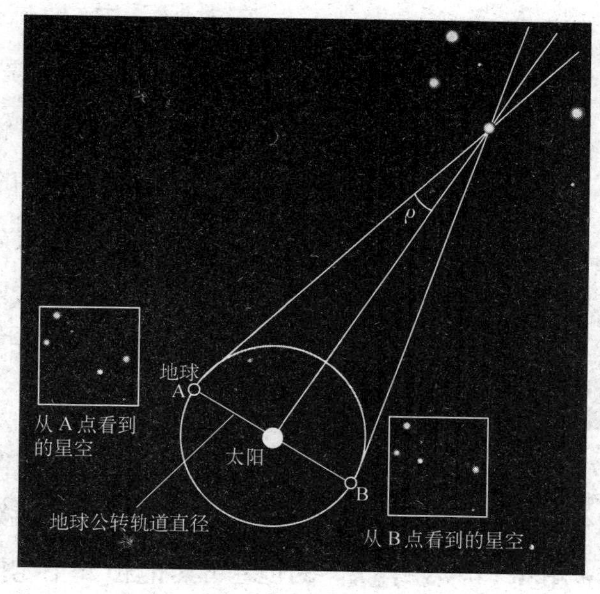

秒差距是用三角视差方法定义的距离

太阳系头号天体——太阳

在浩瀚的宇宙中，恒星的数目就像是数学上的无穷大。在芸芸众星中，太阳的年龄、质量、亮度、体积、密度和温度都是比上不足，比下有余。所不同的是，它离地球最近，而别的恒星离地球都非常遥远，即使是比邻星，它与地球的距离也比太阳远27万倍。太阳光到达地球只需8分多钟，而比邻星的光到达地球要花4.22年。

在太阳系中，地球与太阳的距离适中，因此得天独厚。太阳给地球带来日夜和四季的轮回，控制着气候的变化，是地球的生命之源。今天，从衣食住行到娱乐、战争和航天，人们无不感受到太阳的影响，享受着它的奉献，也不断抵御着它的侵害。

金星凌日

金星凌日即金星运行到太阳与地球之间，经过日面。这张照片为德国天文学家斯特藩所拍摄，照片中太阳右下方的黑点即为金星，我们可以直观地比较一下太阳与金星的大小(金星半径为地球的95%，约为6 050千米)。

对于天文学家来说，太阳的重要性在于它是唯一能够观测到圆面的恒星(其他恒星在望远镜里只是一个星点)，可以看清它的表面细节，对它的大气结构、化学成分、物理状态、磁场分布以及能量传输进行研究。太阳还是天体物理学和基础物理学的实验室，它提供的极端特殊的物理条件使科学家确定了宇宙丰度，验证了广义相对论，发现了天体磁场，找到了恒星内部的能源，探测到中微子，建立了天体发电机理论和磁重联的概念。

太阳是太阳系的头号天体。它的直径约139.2万千米，是地球的109倍；体积是地球的130万倍；质量约2 000亿亿亿吨，是地球的33万倍，占整个太阳系总质量的99.8%。正因为如此，太阳以强大的引力，牵制着太阳系所有的天体绕它运行。

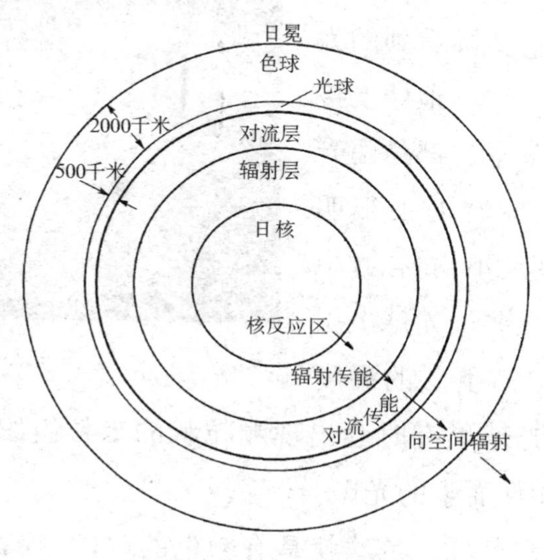

太阳剖面结构示意图

太阳分为内部和大气两部分。太阳内部是无法观测的，天文学家根据理论模型，估计那里的温度高达1 500万摄氏度，压力是地球的3 000亿倍。在这样的情况下，氢原子和氦原子中的电子脱离了原子核的束缚，变成自由电子。失去电子的原子核携带了一定数量的正电荷，成为带正电的离子。这种过程称为电离，电离的气体称为等离子体。等离子体状态下的太阳气体通过质子-质子反应和碳氮循环，把4个氢核聚变成一个氦核，释放出巨大的能量来维持太阳的平衡。日核产生的能量主要以辐射的形式向表面传输，构成日核外的辐射层。辐射层的温度、密度和压力从内向外递减。辐射层之外是对流层。顾名思义，对流层里的气体经常处于升降起伏的对流状态，太阳大气层里形形色色的活动都可能源自这个层面。

对流层的外面就是大气了，太阳大气也分成三层：光球、色球和日冕。

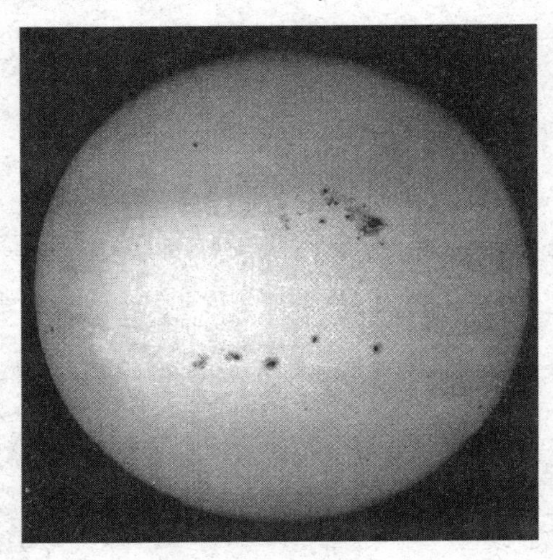

太阳光球

光球就是我们实际看到的太阳表层，厚约 500 千米，地球上接收到的太阳能量基本上都是由光球发射出的。光球看上去很明亮，但各部分亮度是不均匀的，中间部分要比边缘亮些。光球上层的温度为 4 500 ℃，下层的温度为 6 000 ℃。在光球上有时会出现颗粒状的米粒组织、暗斑似的黑子，以及与黑子相伴而生的光斑。

光球的外面是色球。色球就是有颜色的球，厚约 2 000 千米，温度随高度迅速上升，到顶部达到几万度。由于气体透明而稀薄，色球层辐射的光很微弱，而光球发出的强光被地球大气散射，使太阳周围的天空很亮，完全掩没了色球，所以平时我们用肉眼看不到色球。日全食瞬间看到的色球，就像套在太阳上的玫瑰花环。色球层不像光

太阳色球

球那样清晰整齐，布满了细小的火舌，仿佛是一片燃烧的草原。这些火舌称为针状物，在色球上不断产生又不断消失。在太阳边缘还可看到一些火焰喷泉喷到一定高度又落回，形成耀眼的环，这就是日珥。此外，在色球上有时还会出现耀斑，它们是太阳上最强烈的爆发现象。

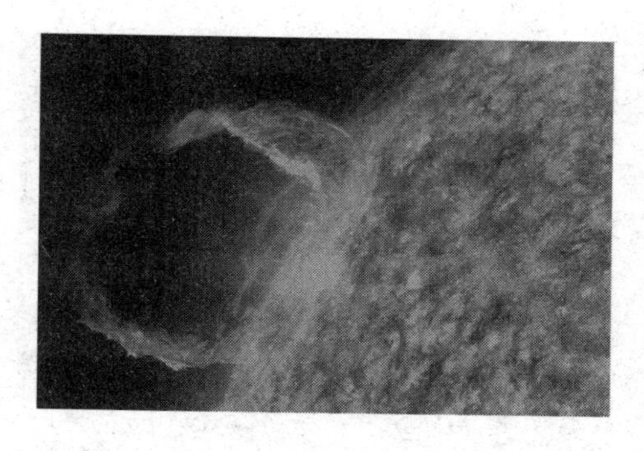

美国太阳动力学观测卫星(SDO)拍摄的日珥喷发景象

色球之上是日冕，它是太阳最外层的大气。日冕由质子、高度电离的离子和高速运动的自由电子组成，密度极为稀薄，亮度约为光球的百万分之一，地面大气的散射光超过日冕本身的亮度而将它淹没，因此和色球一样要等日全食才能看到。日冕蔚为壮观，发出羽毛状的银白色光芒。20世纪80年代，天文学家用射电望远镜发现日冕延伸到光球外面大约15个太阳半径，比光学望远镜看到的日冕大多了，称为超冕。在超冕外面就是行星际空间了。

日全食时拍摄的日冕

用肉眼观察或拍摄日冕照片，日冕各处的亮度比较均匀，但在空间拍摄的日冕X射线照片上，会发现日冕中有大片不规则的暗黑区域，这就是“冕洞”。其实称它们为冕洞并不恰当，因为它们基本上是长条形的，往往从太阳的南极或北极一直延伸到赤道附近。冕洞就像喷气发动机的喷管，不断向外喷射高温磁化的离子，这种带电粒子就是太阳风。在太阳黑子活动剧烈和耀斑爆发时，太阳风非常强劲。太阳风对稀薄的行星际物质的影响很大，当太阳风到达地球附近时，它与地球磁场发生作用，把地球磁场压缩在一个固定区域，形成磁层。当太阳风向地球极区吹来时，地球的两极会出现绚丽的极光。

冕洞

美国 SOHO 观测台上的 EIT 设备利用极紫外线拍摄的假彩色影像，其中，太阳赤道下方的大片黑色不规则区域为冕洞。

太阳风能吹多远？美国宇航局发射的旅行者 1 号和 2 号行星际探测器 1977 年发现太阳风与木星磁场相互作用形成的辐射带的密度比地球辐射带高 100 万倍。太阳风还使天王星磁层向外延伸了 600 万千米。如今旅行者号探测器已经飞到海王星和冥王星轨道之外，朝着不同的方向背离太阳飞行，预计它们将于 2015 年到达太阳风层顶，也就是太阳影响所及最远的边界。天文学家估计太阳风层顶到太阳的距离大约是日地距离的 150 倍。

总体而言，太阳是一个稳定、平衡、发光的气体球，但它的大气层常处于局部的激烈运动之中，譬如，标志太阳活动区的生长和衰变的黑子群的出没、日珥的变化和耀斑的爆发等。此外，还有不断运动和变化着的米粒组织、谱斑、暗条等，它们随着太阳活动的总趋势而共同涨落。在太阳活动（11 年为一周期）峰年，所有活动现象都达到高潮，既大且多；在谷年，它们都处于低潮，既小且少。另外，它们的位置也经常是互相邻近的。譬如，黑子附近有光斑，耀斑通常出现在黑子旁边或上空。天文学家把一大群活动现象所占有的范围称为太阳活动区。

太阳活动分为缓变型和爆发型。黑子和冕洞属于前种，耀斑和日冕物质抛射属于后种。在所有日面活动现象中，太阳黑子是最基本的，也是最容易发现的。它们是太阳表面炽热翻滚的气体海洋中的一个个巨大的漩涡，漩涡的深度约 100 千米，直径可达几千到几万千米。太阳黑子温度有 4 000 多摄氏度，只是比太阳表面的平均温度低了 1 500 ℃左右。它们常常成群出现，由小到大，又由大变小，此生彼灭，时多时少。太阳黑子大约 11 年由盛转衰，又从衰转盛，基本上代表了太阳总辐射量的变化。

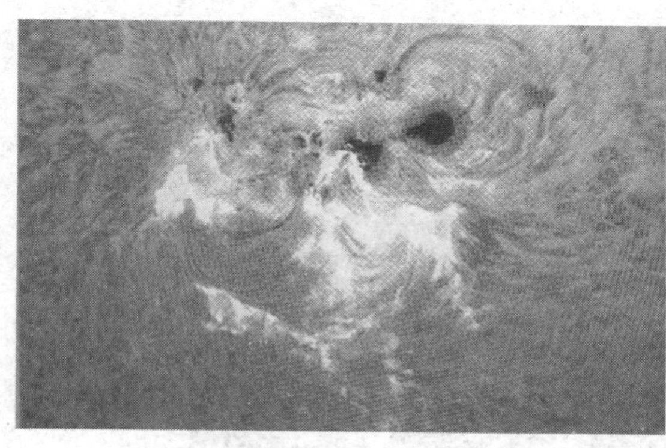

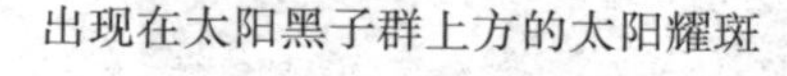

出现在太阳黑子群上方的太阳耀斑

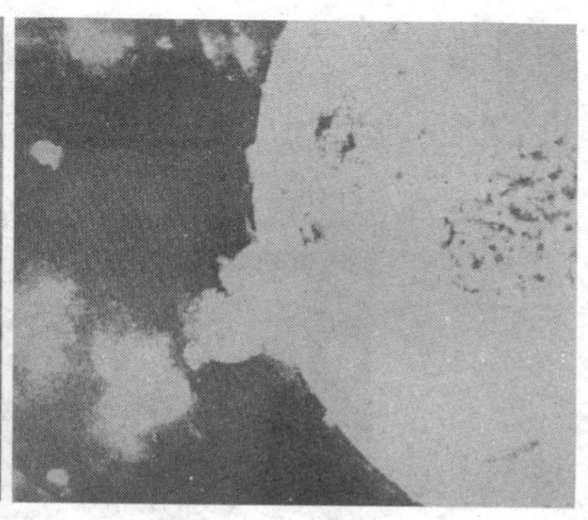

1969 年 11 月美国海军探测火箭拍摄的太阳耀斑爆发产生的带电粒子云

多年前，美国气象学家洛仑兹提出了著名的“蝴蝶效应”，意思是一只蝴蝶在巴西扇动翅膀，就有可能在美国引起一场龙卷风。对地球而言，太阳的一举一动，哪怕是很小的一点变化，都会对地球和人类产生巨大的影响。在太阳黑子极值年附近，其对地球上的气温的影响比较明显，特别是黑子面对着地球的时候，有点像探照灯对准了目标，影响更为显著。有资料显示，地球上某些特大的干旱和暴雨，罕见的严寒和酷暑等反常天气，以及气候冷暖干湿的变化都与太阳黑子的消长有某种对应关系。此外，地球上的火山活动、地震与太阳黑子之间也可能有联系。一些研究者指出，新生儿的死亡率和妇女的疾病发生率与太阳黑子活动强弱呈正相关关系，猩红热、白喉、痢疾、流感等一些传染病发病率也与太阳活动强弱有关。大量的紫外线和带电粒子可加剧大气电离程度，改变地球磁场，易引起心血管患者病情恶化。人体的神经系统对地磁扰动非常敏感，太阳活动强烈时，人的植物性神经系统交感神经的紧张程度提高，攻击性行为加剧，恶性事件和交通事故增多，人的判断错误率也会上升。

冕洞是太阳磁场开放的区域，那里的磁力线向行星际空间张开，大量带电粒子顺着磁力线跑出来，成为太阳风。太阳风吹到地球附近，对近地空间的磁场影响很大。

耀斑也叫色球爆发，是太阳表面局部区域突然增亮的现象。在

地球磁场受到太阳风的挤压形成不对称的磁层

朝向太阳一面的磁力线被压缩成蛋形，背向太阳一面的磁力线被拉长呈开放状。地球磁场捕获的带电粒子呈带状环绕在除两极地区的地球周围，构成辐射带，因辐射带是由美国科学家范艾伦最先发现的，因此，称为范艾伦带。

短短的一二十分钟里，一个大耀斑可以释放 10^{21} 焦耳甚至 10^{25} 焦耳的巨额能量，相当于 10 万到 100 万次强火山爆发的能量总和。太阳上出现大耀斑，往往会对地球造成强烈的影响，引起各种地球物理效应，如电离层骚扰、磁暴、极光、行星际激波等。

长期以来，人们一直以为日冕很稳定，隔很久才能看出一些变化，太空探测的一项重大成就是发现日冕经常有突如其来的物质抛射，且一次瞬时现象抛出物质可达 100 至 1000 亿吨，远远超过一次大地震的规模。近几年媒体报道的"太阳风暴"指的就是这种爆发型活动。这些太阳"飓风"将在太阳系中"制造"冲击波和大量移动的干扰。冲击波可以使空间一些粒子加速到高能，形成太阳宇宙线，对飞船和宇航员构成危险。日冕抛射物质到达地球后会破坏地球磁场和上层大气，在电离层中造成可以影响全球定位系统的扰动，干扰地面站和卫星之间通信；由太阳风暴带来的无线电噪声会破坏手机服务，甚至对供电线路和输油系统造成破坏。2003 年 10 月 24 日至 11 月初，大规模的太阳风暴接二连三地袭击地球，特别是 10 月 28 日的强耀斑爆发和日冕物质抛射，给全球短波通讯、人造卫星、民航、电力等系统都造成了严重影响。2007 年 5 月 19 日，在远地轨道上的美国日地关系观测台发现了历时约 35 分钟的日啸。日啸是接近日冕物质抛射的巨大爆炸，与地球上的海啸有许多共同点。日啸在最初爆炸后 20 分钟左右速度达到峰值，在零点几秒内释放的能量足够全世界消费 20 亿年，在一个半小时几乎覆盖了整个太阳圆面。

科学家把太阳上的剧烈爆发以及由此引起的近地空间状态变化，如磁层、电离层的剧烈变化，称为空间天气灾变，并对整个空间天气灾变过程有了一些感性的认识和基本的了解，但对一些观测结果的物理机制还没有搞清楚。20 世纪 80 年代，一门研究和预报空间天气灾变，服务于空间科学和人类健康的学科——空间天气学应运而生。这是多门学科、多种现代科学技术高度交叉的综合学科。目前，全世界的科学家正在建立一种持久的合作关系，共同探讨太阳如何影响地球及其他行星的环境。

离太阳最近的行星——水星

水星是离太阳最近的一颗行星，离太阳最近时只有 4 600 万千米，离太阳最远时差不多 7 000 万千米。如果用角度来表示的话，水星与太阳在视运动中的角距离从不超过 28°。我国古代将 30°称为“一辰”，因此，也称水星为辰星。因为离太阳太近，在地面上很难看到水星。最好的观测时机是春季水星东大距时，黄昏时可以在西方低空看到它；或秋季西大距时，黎明时可以在东方看到它。由于黄昏和黎明时天色都比较亮，水星会很快伴着初升的红日消失在蓝天里，或在绚丽的晚霞掩护下躲进了地平线。即使在条件很好的情况下，

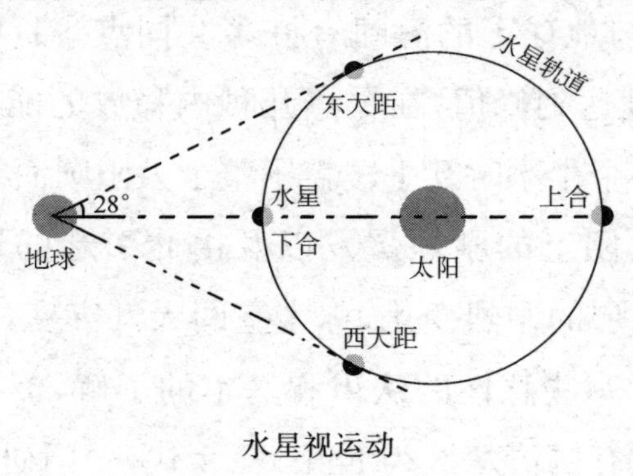

水星视运动

每天能看到水星一二十分钟就相当不错了。

因为水星难以观测，在很长时间里人们对水星知之甚少，即使水星自转周期这么一个问题，直到20世纪60年代才得以解决。早先，天文学家以为水星质量小，它会在太阳引力下作同步自转，也就是说像月球一样，自转周期和公转周期是一样的。1965年，射电天文学家证实，水星的自转周期只是它公转周期的三分之二。现在我们知道水星精确的自转周期是58.65日，公转周期87.97日，即水星自转3圈的同时，绕日公转两圈。水星上的一天相当于地球上的176天。如果把水星公转一周定为一个水星年，自转一周定为一个水星日，那么一个水星日等于两个水星年。然而，由于行星总是同时存在着自转与公转两种运动，一般情况下，自转周期并不是它一日之长，而是比昼夜短，即：1/昼夜长度＝1/自转周期－1/公转周期。

不过，太阳的潮汐作用会逐渐使水星降低自转速度，自转周期与日长的差别会越来越小。

在太阳引力作用下，行星环绕太阳运动的轨道是椭圆的。但严格地说，行星之间也存在万有引力作用。因此，行星轨道不再是严格的闭合椭圆，而是一条与椭圆十分接近，其长轴在空间不断移动的、非常复杂的曲线，致使行星轨道近日点有规律地改变位置。这种称为行星近日点进动的现象在诸多行星中都存在，但水星表现得最为突出。1859年，法国天文学家勒威耶发现水星近日点进动的观测值比根据牛顿定律算得的理论值每世纪快38″，后来被进一步订正为43.37″。一种意见认为，水星轨道内有一颗未发现的行星在捣乱，另一种意见则怀疑万有引力定律中的“平方反比”有问题。直到1915年爱因斯坦发表了广义相对论，才对这一问题给出了可信的解释。他认为水星的轨道很扁，当水星来到近日点时，会受到更强的太阳引力，促使其速度加快。根据广义相对论算出的每百年水星近日点进动值(42.89″)和实测值非常接近。一般来说，一个物体在强引力场中运动，或它的运动速度接近光速，就必须用广义相对论来取代牛顿力学。20世纪60年代之前，广义相对论有三大天文验证，水星近日点进动即是其中之一，另外两项是光线弯曲和引力红移。

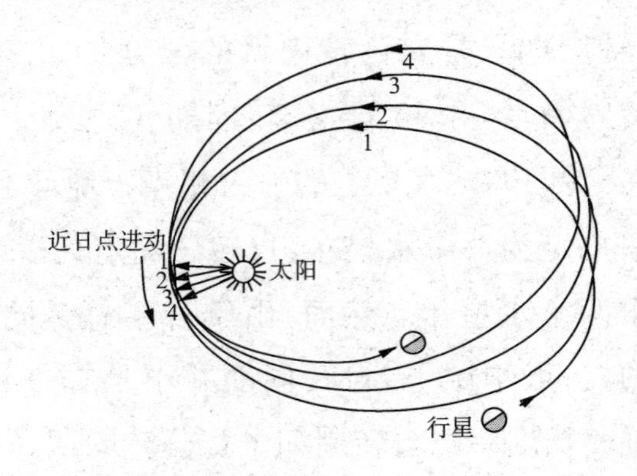

行星近日点进动示意图

水星是太阳系中最小的行星，半径为2 440千米，是地球半径的38.3%。从地球上看水星，相当于站在412米处看一枚5分的硬币。虽然水星离太阳最近，但水星却是太阳系最暗的行星之一。这是因为水星离太阳太近，无法像它的近邻金星和地球那样拥有一层浓厚的大气。水星大气非常稀薄，其密度仅为地球大气的12%，表面岩石的反射率只有8%。

有天文学家设想，如果水星上有人，会看到在其他行星上看不到的奇景。由于水星公转轨道是一个偏心率达0.206的椭圆，所以在"水星人"眼里，太阳的视大小在时时变化，而且太阳会像行星一样，走得快一阵，慢一阵的，有时还会倒退。水星天空中的太阳显得很孤单，既没有皓月相对，也没有晨星、昏星相随，只能看到淡蓝色的地球和比织女星稍亮的月球。在水星的一夜内，可以看到月球绕地球转三圈多。水星上的天空与地球的迥然不同，永远是乌黑的，即使在白天，太阳当头，在不远的地方，就可看到漫天星斗熠熠生辉。因为没有大气的扰动和吸收，水星天空中的恒星显得格外明亮，而且星光不会闪烁。如果想观赏水星上的日出，需要有足够的耐心，因为这个过程长达十几个小时，不过这对天文学家来说，却是求之不得的，没有大气干扰，所以日出前一段很长的时间内（相当于地球上好几天），可以从容地拍摄日冕和色球层的光谱和照片，仔细研究太阳高层大气中的各种物理现象，而在地球上搞这些研究只能等到日全食时才行。水星没有天然卫星，因此无月可赏。

20 世纪 70 年代，美国水手 10 号空间探测器与水星三次相会，揭示了水星许多不为人知的秘密。首先水星上有很多陨石坑，和月球表面十分相像。水星表面还分布着平原、裂谷和盆地。由于没有大气调节温度，水星表面的昼夜温差相当大，冰火两重天。白天太阳直射的地方温度可达到427 ℃，夜晚则下降到－173 ℃左右。在水星赤道附近有一个巨大的冲击盆地，当水星到达近日点时，该盆地位于太阳的正下方，据说是太阳系最热的地方，称为卡路里盆地。而水星两极永远笼罩在阴影之中的低洼地带，温度却始终不会高于－180 ℃。雷达探测表明，水星两极可能存在着水冰。未来的某一天，宇航员也许能在水星上溜冰呢！

水手 10 号发回的资料合成的水星图像

图上的空区是当时尚未探明的区域。

天文学家根据理论推测水星没有磁场，然而水手 10 号第一次光

信使号探测器拍摄的水星图像

顾水星，就发现它有磁场，但很弱。这一发现给人们带来了一个极有趣的问题，那就是水星磁场是怎样构成的。流行理论认为行星磁场起源于行星液态核的迅速自转和内部对流，一般认为水星没有液态核，不应该有磁场。是人们对水星内核的看法有问题，还是行星磁场形成理论需要改进？

水手10号三次飞越水星基本上都是从一个地区上空飞过，因此探测过的水星表面只有大约37%。为了全面了解水星，2004年8月3日美国宇航局发射了第一只进入水星轨道，围绕水星探测的飞船——信使号。信使号已于2011年3月进入环绕水星的轨道，它肩负的任务是调查水星的密度，地质形成过程，内核的构成和形态，磁场特征，水星表面哪些不稳定物质对水星大气的形成起了重要的作用，以及水星两极是否有液态水，等等。破解这些谜团不仅能深入研究水星，也有助于了解地球等类地行星的形成和演化。

最明亮的行星——金星

金星是除日、月之外，我们在天空中肉眼能看到的最亮的星了，最亮时达到－4.4等，比肉眼所见的最暗星亮大约一万倍。在春秋战国以前，金星被称为“太白”。太就是大，白是指它的颜色。“太白”便是它显著的外貌特征。金星之所以这样亮，是因为一方面它离太阳很近，只有 10 800 万千米，照到金星上的阳光比照到地球上的阳光多了一倍；另一方面，金星被白中透黄的云层包裹着，云层将大约 75% 的阳光反射到空间。

金星与太阳的角距离不超过 48°，这使得它和水星一样总在太阳附近徘徊。从地球上看，金星有时在太阳西面，先于太阳出现在黎明前的东方地平线上，此时为晨星(称作启明，意思是东方破晓，开启光明)。到达西大距后，金星从西向东(顺行)逐日和太阳接近，一直运行到太阳的另一面，与地球分别在太阳两侧(上合)，被阳光淹没。此后，它继续顺行，移到太阳东面，日落后出现在西方地平线上，此时为昏星(称为长庚，意思是暮色降临，长夜将至)。到达东大距后不久，顺行停止，金星看似不动(留)，以后改为从东向西(逆行)，逐渐接近太阳，当来到太阳与地球之间时(下合)，金星便看不见了。因此，我们只能于大距前后几个月的时间里在黎明之前或黄昏后有机会看到金星。

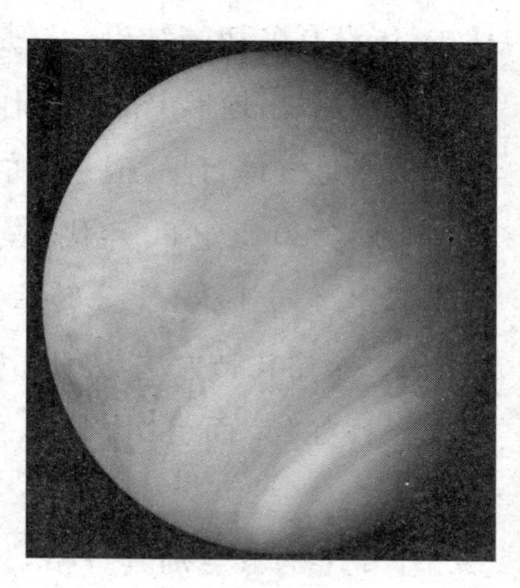

美国水手 10 号探测器 1974 年拍摄的金星照片

金星也有与月相相似的变化，只是金星离地球比较远，肉眼不大看得出来。月相变化时，月面的直径无明显变化，而金星像新月时，看起来最大，因为这时金星离地球最近；金星最圆时，看起来最小，两者可相差 6 倍。遗憾的是，这两个时刻金星与太阳刚好一起升落，是观测不到的。细心的观测者会发现金星呈弯月状时，两尖角的连线超过直径，说明金星的大气很厚。

金星与地球

行星绕太阳旋转的轨道大都是拉长了的椭圆，唯有金星的轨道最接近完美的圆，偏心率仅 0.007，轨道倾角为 $3°24'$，和黄道几乎重合。金星公转周期为 224.7 天，但金星的自转周期直到 20 世纪 50 年代末，还没有确切的结果。这是因为人们无法通过浓密的大气看见它的真容，找出地形上的特征作为标记，来确定其自转周期。木星和土星虽然是气体行星，但它们的上面却有明显的斑点，可以用来测定自转周期。20 世纪 60 年代初，天文学家用射电望远镜发现金星的自转周期为243±1 天，比公转一周还长，金星一昼夜相当于地球上的 118 天。金星自转方向与其他大行星相反，是自东向西的。在金星上不仅度日如年，而且"太阳从西边出来"，一年中太阳只西升东落两次。

金星上的天空别具一格，一直是灰蒙蒙的，白天不明亮，夜晚也不太黑。金星也像水星一样，没有自己的天然卫星。在金星上空一个个星座的形状依旧，但它的"黄道"和"赤道"几乎重在一起，黄道十二星座看似被压扁了。地球上通常用来辨别方向的北极星在金星上很难找到，这不仅因为金星浓密大气的吸收，使它变成一颗依稀可辨的6等星，更重要的是它离金星的北天极还差二十多度。不过，在金星上找水星比较容易，水星与太阳的角距可到四十多度，只是亮度稍暗一些，相当于1等星。在金星上遥望地球也别有风趣。在地球大冲时，可用肉眼看到地球的视圆面，旁边的月球比我们在地球上看到的还要大。太阳从金星的“西天”升起后，几乎要过地球上的两个月才会向东方缓缓落下。从太阳在地平线上露头到整个日轮喷薄而出，要花6个小时。然而这是值得期待的，因为浓密的大气几乎使近地平的光线方向改变了180°，你不论面向何方，都可以看到一轮红日，仿佛神话中的世界。

空间探测前，人们一直把金星看成是地球的姐妹行星，因为它们有太多的相近之处，譬如地球的半径是6 378千米，金星的半径是6 050千米，仅差300多千米；地球的平均密度是水的5.5倍，金星的密度是水的5.2倍；金星的质量是地球的81.5%。另外，金星和地球都有大气，表面重力加速度也相差无几。于是，人们把金星想象成史前期的地球，正处于恐龙时代，是一个有着温暖的海洋，生长着茂盛植物和野生动物的世界。

1976年，前苏联金星10号探测器拍摄的金星的陆地
图片底部是探测器局部，图片右上角可见地平线。

20世纪70年代，前苏联发射的金星7号和8号在金星上着陆，测出金星表面的气温高达475 ℃，压强高达90个大气压，这样恶劣的环境让人不寒而栗。金星如此之热是因为金星拥有比地球浓密百倍的大气层，其中二氧化碳的含量占97%以上。温室效应造成金星表面温度持续升高，于是金星成了一座炼狱，别说有生物，就是低熔点的金属也晒化了。在金星上没有昼夜温差，也没有季节更迭，常年高温使金星上的岩石发出暗红色的光，就像通了电的电炉丝。不少宇宙飞船一进入金星大气就出事了，因为一般的无线电元件耐不住金星的高温。

雷达探测数据经计算机处理生成的金星局部立体地貌

1989年美国宇航局发射的麦哲伦号金星探测器利用金星表面反射的雷达波绘制出金星上绝大部分地区的地貌。金星表面主要是火山地貌，凝固的熔岩流是在相对较晚的历史时期形成的，这表明金星有些火山可能还在活动。一些科学家认为距今5亿年左右这段时间里的火山活动使金星的地貌大为改观，

麦哲伦探测器拍摄的金星雷达照片

这正好解释了为什么金星表面的陨石坑相对较少。但另一些科学家则认为陨石坑少是因为金星表面覆盖着厚厚的大气,使入侵的较小的陨星尚未到达金星表面就在大气中焚烧掉了。

2005年11月9日欧洲空间局发射的金星快车是第一个对金星大气和等离子环境进行全球研究的探测器,也是近年来人类对金星为数不多的一次专访。2006年5月7日,金星快车进入最终轨道,通过多次环绕金星飞行,首次描绘了涵盖低纬度地区的金星大气图,发现金星大气中不但充满二氧化碳,在深层大气中还有一氧化碳。金星大气中是否存在水蒸气是科学家多年来争论不休的老话题,而此次金星快车不仅获得水蒸气存在的直接证据,而且绘出了高精度的分布图。2008年5月15日,金星快车还第一次在金星大气中发现羟基分子。羟基分子由一个氢原子和一个氧原子组成,具有极高的活性,可以改变行星的大气成分。

目前为止,空间探测器已探测了太阳系八大行星的磁场,木星磁场最强,土星次之,之后依次为地球、海王星、天王星、水星、火星,最弱的是金星,几乎没有。对此,一些科学家是这样解释的:金星内部的铁质核心,仅比地球的略小,但由于自转太慢,其内部不能形成对流电流,因此未构成有影响力的磁场。

人类把行星探测器的第一个探测目标定为金星,是因为通过对金星的研究,可弄清金星进化过程,这对预测地球的未来具有十分重要的意义。据悉,只要地球吸收的阳光增加百分之一二十,再过几个世纪就足以使地球变成又一个金星,如此严重的后果不应该警惕吗?

人类共同的家园——地球

我们居住的地球也是一颗行星，它和太阳的平均距离大约有 1.5 亿千米。在它的公转轨道里侧有水星、金星，在它的轨道外面有火星、木星、土星、天王星和海王星。地球的体积和质量比不上木星、土星、天王星和海王星，但比水星、金星和火星大。这样一颗看似平庸的行星却是我们迄今所知宇宙中唯一存在生命的天体。

阿波罗 17 号 1972 年拍摄的地球照片

今天，人们通过宇宙飞船拍回的照片，对地球的模样一目了然。综合人造卫星和高精度激波测距、激光测距的探测结果，地球大小被精确测定为：赤道半径 6 378.14 千米，极半径 6 356.75 千米，一般取平均值 6 371 千米。

从地图上看，地球表面跌宕起伏。位于我国西藏和尼泊尔交界处的珠穆朗玛峰是地球的最高点，海拔 8 844.43 米；地球最低点是太平洋马利亚纳群岛附近的马利亚纳海沟，深 11 521 米。虽然地球上最高点和最低点相差 20 千米以上，但整体看上去，其表面依然比橘子的表面还要光滑。

地球的质量接近 60 万亿亿吨。当年阿基米德曾说:“给我一个支点,我就能举起地球。”今天看来这只是笑谈。

宇宙飞船虽然已经飞到太阳系外层空间了,但以现有的技术条件,进行地心旅行还是一种科学幻想。最深的石油钻井不过一万多米,对地球来说,只不过是戳破点儿皮而已。前苏联组织实施的科拉半岛超深钻的目标是 15 千米,由于这项工程的投资和难度,媒体对它的宣传绝不亚于两弹一星和载人登月。地球内部结构只能靠地震(天然的或人工的)激发的地震波来研究。科学家根据地震波在地球内部的传播速度和路径变化了解了地球内部不同深处的物质结构和性质,地球内部的许多信息都是地震波带给我们的。

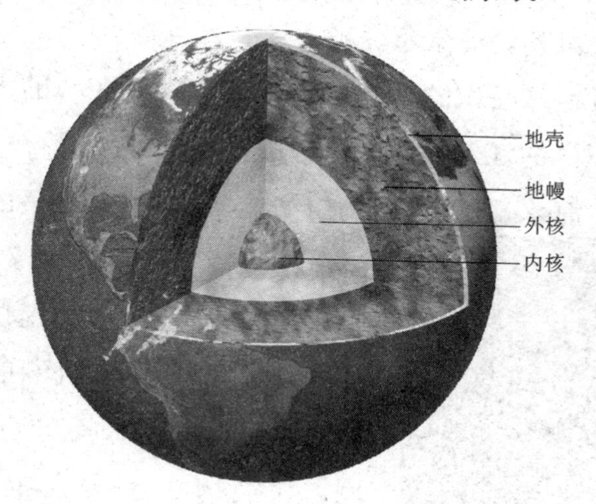

地球的内部结构

地球内部大致分为三部分:地壳、地幔和地核。地壳是由断裂的、大小不等的块体组成,厚度不均匀。洋底地壳平均厚度为 11 千米,大陆地壳平均厚度为 35 千米,全球地壳平均厚度为 19 千米。地壳上层为花岗岩层,下层为玄武岩层。地幔厚约 2 900 千米,分为上地幔、下地幔。上地幔由岩石组成,与地壳构成了一个厚约 70～150

千米的岩石圈；下地幔主要由橄榄石和辉石构成。地核质量超过地球总质量的31%。外核以镍等金属元素为主，呈熔融状；内核含铁量更高，是固态的。由于地核中高温液态物质很活跃，不断将热量传到地幔，不均衡的热和不均衡的膨胀，使得地壳受到推挤，构成几个巨大的板块。海洋底部的地壳较薄，海底扩张导致大陆漂移，使得一亿年前一块完整的超级大陆四分五裂，产生了洲、岛和半岛。不同的地形构成了物种的多样性，促进了生物的进化。

在地球的外面，水、大气以及地球上的各种生物也构成了三个同心圈层——水圈、大气圈和生物圈。各圈层之间没有明显界限，呈犬牙交错状，在太阳的参与下，这三个圈层相互作用、互相影响，使地球呈现出一派生机勃勃的景象。

海洋超过地球面积的70%，在剩下的不到30%的大陆上流淌着大大小小数不尽的江河湖泊，地表之下的土壤和岩石里还有连续不断的地下水。海水、地表水和地下水构成了一个完整的水圈。水对生命具有特别重要的意义，海洋不仅孕育了生命，而且为人类提供了丰富的矿藏和动植物资源。水圈在传输热量、缓和气候变化等方面起着不可替代的作用。人类历史上著名的四大文明古国——中国、印度、巴比伦和埃及光辉灿烂的文化都是起源于大河的冲积扇上。没有尼罗河就没有古埃及的金字塔，没有长江、黄河就没有伟大的中华民族。古希腊文明虽然不是起源于大河流域，但是却起源于大海的岸边。工

卫星拍摄的地球大气图片

业化以来，世界各国政治、经济、文化的发达地区无不在沿海地区。

在地球引力作用下，气体聚集在地球周围，形成大气圈，其中氮占78%，氧占21%，氩占0.93%，二氧化碳占0.001 8%，还有微量的水汽和尘埃。大气不仅为我们提供了赖以生存的空气和水，调节了地表温度，还是一道天然屏障，阻挡或减少了彗星、小行星对地球的撞击，以及有害辐射对我们的伤害。

大气层自下而上分为对流层、平流层、中间层、热层和外逸层。对流层距地面最近，也是最稠密的，其厚度因纬度、季节以及其他条件而异，在赤道区约16～18千米，中纬度区约10～12千米，两极区约7～8千米。一般来说，对流层夏季厚而冬季薄。这里冷热空气对流，大气活动频繁，是展示风云雨雪的大舞台。对流层的温度几乎随高度直线下降，一般每上升1千米，温度下降6 ℃，到对流层顶部约为－50 ℃。对流层顶到离地表50千米高度的一层，称为平流层，水汽很少，大气以水平运动为主，气流稳定，温度随高度增加而略微上升。平流层里的臭氧层中臭氧浓度相对较高，能屏蔽99%以上的太阳紫外辐射，成为一道天然屏障，使地球上的生物免受强烈紫外线的伤害。飞机在平流层里飞行最为安全。平流层之上，高度离地表50～85千米的一层为中间层，温度随高度增加而迅速下降，到离地表高度85千米的中间层顶，温度接近最小值。热层是中间层以上的一层，温度随高度增加而上升，离地表500千米的热层顶，温度可达到1 100 ℃左右。这一层的温度因为大气吸收大量太阳紫外辐射而升高。热层顶之上为外逸层，这里的大气已极稀薄。

根据大气的电离程度，大气可以分为两层：从地表到离地表80千米这一层，大气中的分子和原子都处于中性状态，称为中性层；离地表80～1 000千米这一层，大气中的原子在太阳辐射（主要是紫外辐射)作用下电离,成为大量正离子和电子,构成电离层。极光、流星等天文现象都出现在电离层中。从地面上发射的无线电波遇到电离层,就像光遇到了镜子,被反射回来。无线电短波经过几次反射可以传播得很远。因此,可以借助电离层进行短波远距离无线电通讯、广播。

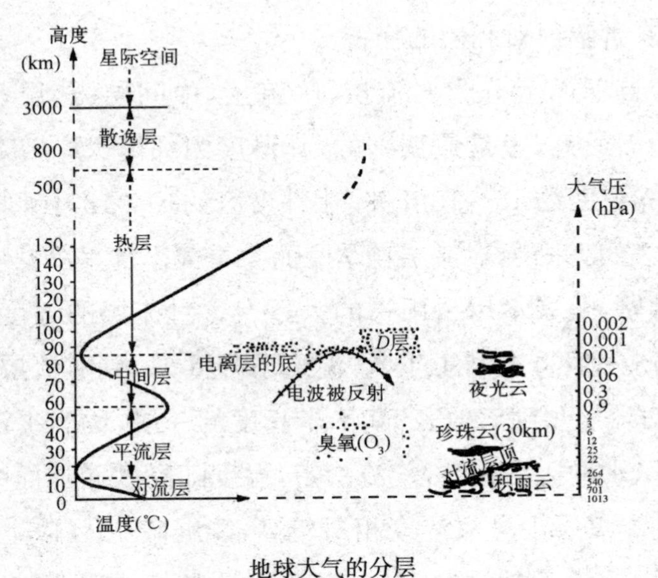

地球大气的分层

在岩石圈上部、大气圈下部和水圈里生存着各种各样的生物,这些生物的总体及其分布范围,称为生物圈,是我们这个星球区别于太阳系其他行星的主要标志。科学家估计,地球上存在的物种有 1 400 万种之多,其中已分类的有大约 175 万种,大部分是动物,其次是植物,还有能在各种不同环境下生存的微生物。按绝对数量来说,生物绝大部分生活在海洋中,陆地上的生物大多局限在地表上下几米或几十米的范围,而海洋里,生物几乎占据了每个角落,可以在不同的深度生存。生物活动形成的循环是地球外部圈层物质循环的重要内容,也是各个圈层互相联系的纽带。

地球不是一诞生就具备这种同心圈结构的。46 亿年前，从太阳星云分化出来的原始地球的各种物质是混合在一起的，后来在地球重力以及内部放射性元素衰变产生的热作用下，熔融的铁等金属物质下沉，形成了地核，然后是地幔、地壳。之后，伴随着物质的分异作用，原始大气圈、水圈形成，出现简单的有机物，逐渐演化成原始的生命，经过内力和外力的不断作用，地球才演变成今天的样子。

地球有几个方面与其他行星不同。首先，唯有地球已达到板块构造阶段，且仍进行着活跃的地质活动；其次，唯有地球表面有大量液态水；再者，地球是迄今我们所知的太阳系甚至宇宙更大范围内唯一有智慧生物的星球，生命的诞生是地球特殊条件下的演化结果，而生命的诞生又反过来改造了地球大气圈，使之不同于其他行星。氧和氮是地球大气的主要成分，而这和生命的诞生是相关联的。地球孕育人类整整花了 46 亿年，这期间经历了无数的和无法描述的艰难曲折，创造了宇宙中一个伟大的奇迹。

人类的进化

人类的历史不过二三百万年，其中从 100 万年前到 60 万年前，先后经历了石器时代、铜器时代和铁器时代。大约在5 000多年前，才有了“构木为巢室，袭叶为衣裳”的简陋的巢室部落生活，以至进一步的刀耕火种、饲养栽培、兽驮舟行。但是，从人类文明产生的那一天开始，人类就开始了对地球生态环境的破坏，著名的古巴比伦文明、古代玛雅文明和非洲大沙漠中的古代文明都因环境的严重破坏而过早消失了。最令人担忧的是，这种破坏随着科学技术的发展加快了脚步。人们为了眼前的经济利益或政治利益对自然界的破坏比起古代来要可怕得多。为了解决粮食问题，毁林开荒，对草原破坏性利用，造成土地沙化。特别是化工业的兴起，创造了无数科技奇迹和财富，使人们的生活发生了翻天覆地的变化，但与此同时，它产生的大量污水、废气和有害物质也带来无穷的后患，就连地球巅峰——珠穆朗玛峰也被乘印度洋西南季风而来的工业污染物玷污了，同样，南极和北极地区也未能洁身自好。正如美国科学家莱斯特·布朗所说的："我们不是继承父辈的地球，而是借用了儿孙的地球。"

目前地球气候正经历一次以全球变暖为特征的显著变化，引起各国政府越来越多的关注。全球气候变暖带来的影响是全方位、多层次的。温度上升，造成南极大陆的冰山大规模解体、融化，北半球雪盖和海水范围进一步缩小，海平面上升，而世界上许多大城市都位于海岸线上，许多知名的城市，如伦敦、纽约、东京、孟买、加尔各答等都可能从地球上消失。我国的天津、上海、广州等城市也面临灭顶之灾，我国的第三大岛崇明岛将完全消失，太湖将与东海连成一片。海平面上升1米，将引起大量的咸水入侵陆地，使所到之处地基软化，环境恶化，危害工农业生产。上升的海水还将抬高河流入海处的水位，使河口区水灾频繁，此外，还会使珍贵的海滩从此消失。地球变暖还造成高温、强降水、热带风暴等灾害性天气频繁出现。全球变暖将成为越来越多的物种灭绝的最主要的原因。未来几十年，从南美的安第斯山脉到南非，数千物种都可能因为全球变暖而消失，更广泛的影响是全球变暖正在改变动植物的习性。

1985年科学家发现靠近南极的臭氧层有个洞，以后的卫星资料

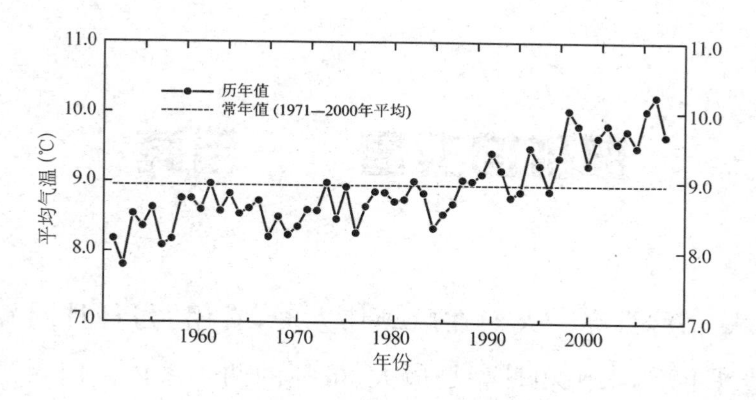

1951 年以来我国的年平均温度变化

显示，臭氧洞逐年扩大。臭氧层一旦消失，紫外线便会长驱直入，导致人们患上皮肤癌、白内障等疾病。更可怕的是，它会把土壤中的细菌和海洋中的细菌、藻类置于死地，而细菌和藻类是生物链中的一个不可缺少的环节。产生臭氧洞的罪魁祸首就是冰箱和空调中的制冷剂——氟利昂。这再一次提醒我们在享受现代生活，渴望用科技突破一切极限时，切莫忽略了它可能导致的严重后果。

我们还应把眼光放得更远些，去关注一下其他的行星，因为那里往往有与我们地球人类命运直接相关的问题，譬如与我们相邻的金星和火星。有些天文学家认为，火星的现在是地球的过去，金星的现在是地球的将来。尽管这只是猜测，但也给我们以有益的启示。通过对它们的研究，我们会更好地认识自己在保护地球这智能的摇篮中所肩负的责任。

地球的卫星——月亮

月球，俗称月亮。人们在歌颂伟人时，常用“与日月同辉”。确实，在地球上看，太阳和月亮是最大、最亮的两个天体。白天，太阳光芒四射，夜晚月光一泻千里；太阳表现的是一种阳刚之美，以“德性”现身，而月亮则是阴柔之美，以“灵性”见长。但实际上这两个天体的属性、大小是不可相提并论的。首先，太阳是一颗恒星，而月亮只是地球的卫星，差着辈分呢；其次，大小悬殊，虽然月亮和太阳的视角直径（简称角直径）都约为0.5°，但这不是它们的真实大小，实际上太阳的直径大约是月球的400倍，体积是月球的6 300多万倍。太阳和月亮之所以看起来差不多大，是因为太阳与地球的距离是1.5亿千米，而月亮与地球的距离大约只有38万千米（人们的视觉是近大远小）；再有，太阳能自己发光，而人们看到的月光实际上是反射的太阳光。

月球跟地球一样，是赤道半径大于极半径的扁球，平均极半径比赤道半径短0.5千米，北极稍微隆起，而南极有0.4千米的凹陷。尽管如此，月球给人的视觉仍是很圆的。科学家通过研究月震波和月球磁场，断定月球从外到里分成三部分：最外面是月壳；月壳下面是曾经熔融，而现已变成固态的月幔，月幔大约占了月球的90%；中心是月核。因为月球密度低，可判断月核很小。月球没有磁场，可以推断月核是固态的。

迄今为止，有关月球起源的假说不下几十种，归纳起来有三大类:同源说(与地球一样,起源于太阳星云)、分裂说(是从地球分裂出去的)和俘获说(被地球引力俘获的)。它们各有所长,都能说明月球的一些特征和性质,但也有不能自圆其说之处。20 世纪 80 年代,英国科学家提出碰撞说,融合了这些理论的长处,有较强的说服力。碰撞说认为,在地球形成之初,一颗比火星还大的行星和地球相遇,以极大的力度撞击地球。它的铁核撞进地球中心,与地球融为一体,而其余物质化为炙热的气体和碎片飞溅到地球的绕日轨道上,汇聚成一个新天体,这就是月球。

17 世纪初,意大利科学家伽利略做成第一架望远镜,就将它指向月球,看到月亮表面有许许多多的圆形的山峰和山谷,就好像孔雀尾巴上的圆斑。今天我们知道这些圆斑是月面环形山。伽利略还发现月面有一片片颜色较深的区域,他称之为"月海"。月球上没有水,何以有海呢?月海实际上是广阔的平原。目前所知月海有 22 个,最大的叫风暴洋,面积约 500 万平方千米,比我国的领土一半还要大。雨海面积约 90 万平方千米,月面中央的静海也有 26 万平方千米。此外,较大的月海还有澄海、危海、丰富海等。月海除 3 个位于月球背面,4 个在正背交界的边缘,其余都在月球的正面。月海几乎占了月球正面一半的面积,覆盖了月亮西半球的大部分,这使得下弦月不如上弦月亮。月海伸向陆地的部分称为湾,小

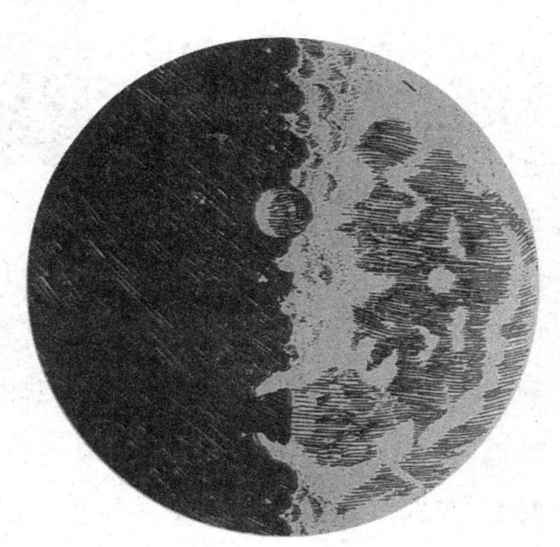

伽利略手绘的月面图

的月海称为湖。一般认为月海是火山熔岩流形成的。

月面上另一个突出特征是环形山，它几乎无处不在。环形山是一种碗状的凹坑，四周有山壁环绕，环形山底部往往矗立着中央峰，或中央峰群。据统计，月面上直径超过1千米的环形山有33 000多个，直径小于1千米的不计其数。最大的环形山是南极附近的贝利环形山，直径295千米，比我国的浙江省小一点；最深的环形山是牛顿环形山，深8.7千米，底部从未见过阳光。月面环形山大多是小行星、彗星撞击形成的，也有一部分是火山爆发留下的火山坑。比较年轻的环形山有向四周延伸的辐射纹，第谷环形山的辐射纹多达12条，最长的有1 800千米。令人诧异的是这些辐射纹穿山越岭，跨谷过海而方向和宽度始终保持不变。

根据探测资料拼合而成的月面照片

月面上也有高山峻岭，大多以地球上的名山大川命名，如高加索山、亚平宁山、阿尔卑斯山等，最高的山峰高达八九千米，与地球上的珠穆朗玛峰比肩。哪里有山脉，哪里就有峡谷，月球上也一样。月球上的峡谷称为月谷，它们是一些黑色的裂缝，蜿蜒数百千米，有一定的走向。

月球以前是否有过大气，科学家尚无定论。即使月球在几十亿年前确曾有过大气的话，由于它的重力小(差不多只相当于地球重力的1/6)，也无法保留住。月球没有大气，也就没有地球上的天气现象。从月球上看太阳不能正视，阳光太耀眼了。用拳头将日轮挡住，可见黑色的天幕上，无数星星不眨眼地看着您。在月球上看地球像在地面上看月球，从升起到落下的27天中，也有新月形、半月形、满月形的变化，只是月球上看到的地球既大又亮，满地时可以在地光下看书读报。没有大气，声音就无法传播，所以月球上万籁俱寂，宇航员在月球上要用无线电通过耳机才能通话。没有大气，在受太阳照射的月面部分，就不存在水，即使月球上曾经有过水，也早蒸发光了。月球上的风暴洋、雨海，更是徒有虚名。1998年1月美国发射的月球勘测者在月球极地发现了固态水，可在1999年7月美国月球轨道器1号撞月时又让人对此结论产生了怀疑。没有大气的保护，月球自形成以来，受到不计其数的大大小小的碰撞，使它伤痕累累。没有风雨的侵蚀，碰撞形成的陨击坑几乎原封不动地保存下来。月面上覆盖的一层厚厚的粉末状的表土则是击碎的岩石形成的。

想象中的月球都市

月球是地球唯一的天然卫星，它独特的空间位置、特有的空间与表面环境，以及潜在的开发利用价值强烈地吸引着人们，成为人类开展深空探测的首选目标，是目前人类探测与研究程度最高的地外天体。我们知道，地球上的一些能源，例如煤、石油、天然气、油页岩和核能矿物燃料等是有限的，用掉一点少一点。一般认为，再过40年左右，地球上的石油将告罄，那时如果用煤炭来取代石油，其后果是严重的，因为燃烧煤炭不仅二氧化碳排放量比燃烧石油大，而且还排放大量的硫化物，造成酸雨，给生态带来毁灭性的打击。为此人们想到了核能、太阳能、水力能、地热能、风能和潮汐能等，但这些能源只有转化为电能后，才能有效地被利用，这其中只有核能可以提供大量的供人类使用的电力。核能包括核裂变能与核聚变能，核裂变的安全性一直令人担忧，其中包括核废料的处理和核反应炉的安全性。最理想的能源是核聚变能，聚变反应单位质量产生的能量是裂变的几百倍，而放射性危害却只是裂变反应的万分之一。氦—3与氘相结合所产生的核聚变反应能释放出巨大的能量，而且反应过程易于控制。而地球上的氦—3很少，沉积在月球表面的大量氦—3可供人类使用上万年。此外，月球上丰富的矿产资源可以就地开采、冶炼，用来制造各种设备，供空间站使用或运回地球。月球上几乎没有大气和月震，并有足够大的地方，建造大型科学设施，是研究天文学、空间科学、地球科学、遥感科学、生命科学的理想场所。

在未来的几十年中，可能会有10个国家的宇航员登上月球。有人担心，月球可能成为21世纪的“波斯湾”。尽管1984年，国际上签订了月球协议，月球是人类的共有资源，但是一个国家如果不具备探索的能力，这不过是一纸空文。我国开展的嫦娥工程使我国跨入月球国家的行列，有力地维护了我国在探测太空能源、开发太空资源的权益。

地球红色的近邻——火星

火星是地球轨道外面的第一颗行星，它发出红色的光，飘忽不定，有时比天狼星还亮三四倍，有时仅比北极星稍亮些。它在恒星背景中的视位置也在变化，时而顺行，时而逆行，在从顺行变为逆行或从逆行变为顺行的时候，又好像是停留在原来的位置上不动。我国先秦时代称它为“荧惑”，意思是说它荧荧如火，令人大惑不解。后来随着五行学说的盛行，才称它为火星。古人以为火星高悬在夜空中而且特别亮时，地球上就会有战争。多少世纪以来，不论东方人还是西方人，都把火星视为一颗预示凶兆的行星。

火星的亮度跌宕起伏是因为它与地球、太阳的位置有较大的变化。火星与太阳的平均距离为 2.28 亿千米，它与地球之间的距离随着各自在公转轨道上的位置而有很大的变化，最近时只有大约 5 600 万千米，最远时可达 4 亿千米。

火星比地球小差不多一半，直径只有 6 790 千米，体积、质量和密度分别是地球的 15%，10.8%和 71%。火星绕太阳公转的周期是 687 日，火星和地球的会合周期是 780 日，也就是说，每隔 780 日左右，火星有一次冲日的机会，此时它离地球最近；每隔 15 或 17 年，火星有一次非常接近地球的冲日，叫大冲。大冲前后一段时间，火星视面最大最亮，是地面观测的最佳时机。空间探测之前，火星的许多重要发现都是在大冲时获得的。

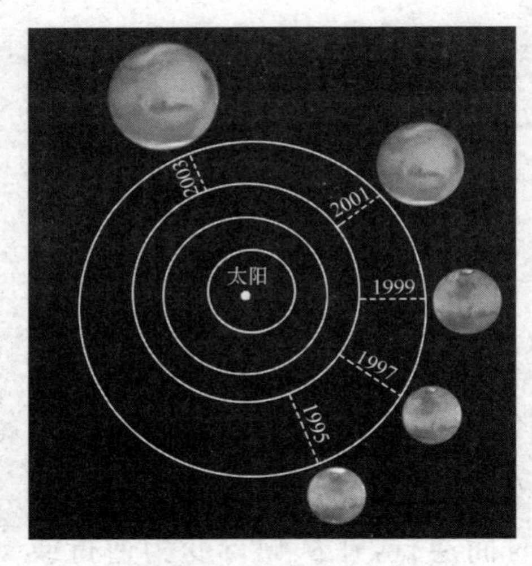

火星和地球在最近五次火星大冲时的相对位置

火星的自转周期与地球的十分相近，为 24 小时 37 分 22.7 秒。火星上的一个太阳日是 24 小时 39 分 35.3 秒。火星上的一年有 668.6 个太阳日。如果火星上有人，他们制定的太阳历应该在每 5 年里有两年是 668 日，三年是 669 日。火星的公转轨道平面与赤道之间的交角，即所谓的黄赤交角为 23°59′，与地球的仅相差半度。因此，火星也会像地球那样有寒来暑往，四季更迭。因为火星公转周期差不多是地球的两倍，所以火星上的一个季节相当于地球上差不多两个季节的长度。另外，火星离太阳比地球离太阳远，每个季节的温度平均要低 30 ℃以上。地球上根据气候状况不同，分成北寒带、北温带、热带、南温带、南寒带，火星也可以照此划分为五带，只是火星上热带和寒带延伸的范围比地球上要广一些。火星上也有移动的沙丘，大风扬起的尘暴，南北两极覆盖着由干冰构成的白色极冠。20 世纪初著名法国天文学家、科普作家弗拉马利翁称火星是天空中的袖珍地球。在许多天文书刊上还把火星称为红色行星，这是因为火星表面的大部分地区都是由红色硅酸盐和其他金属化合物构成的沙漠，还有褐色的砾石和凝固的熔岩流。

1877 年意大利米兰天文台台长斯基亚帕雷利在火星大冲期间，发现火星表面有一些又长又细的暗线。一些欧美记者在报道时，不知是有意还是无意地将它翻译成人工开凿的运河，一时间火星上有生命的消息不胫而走。多数天文学家认为大冲时，火星距离地球仍

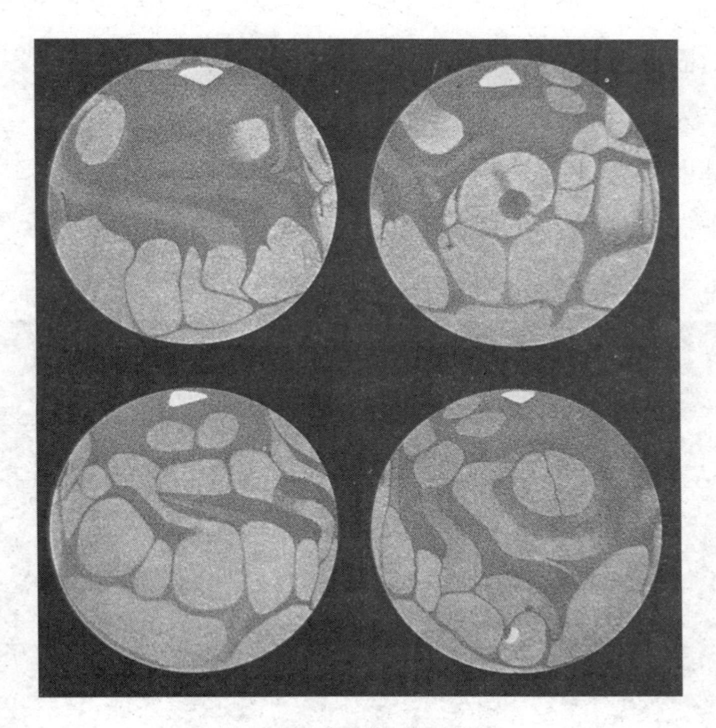

斯基亚帕雷利绘制的火星图

白色部分是火星极冠,细长的线是所谓的火星运河。

有 5 000 多万千米,是不可能看到火星表面细节的。但一些天文学家却坚持认为运河是火星人建造的把位于极冠的水引到赤道附近的灌溉系统。20 世纪 50 年代进入空间时代之后,火星立刻成为除月球、金星之外,最为人类所关注的探测目标。1971 年 12 月,美国水手 9 号探测卫星在离火星 1 370 千米处拍摄了火星图像,发现所谓的运河实际上是一连串的陨石坑。长达 100 年的运河之争总算画上了句号。

虽然运河的神话破灭了,但是从后来几乎所有的空间探测器拍摄的照片上都不难看出火星上有许多曲折的河床和大水流过的痕迹。科学家推测在火星历史上曾经发生过洪水,这些洪水和火山活动，造就了火星上像“水手谷”这样的大峡谷。火星表面地层上存在着巨大的固态水资源，未来的探索者找到这些水资源并予以利用，不但可以作为航天燃料，还能为宇航员提供生活用水。

火星也有大气，大气中的主要成分是二氧化碳，约占95%。但这层大气非常稀薄，表面的大气压只有750帕，和金星浓密大气形成鲜明的对比。

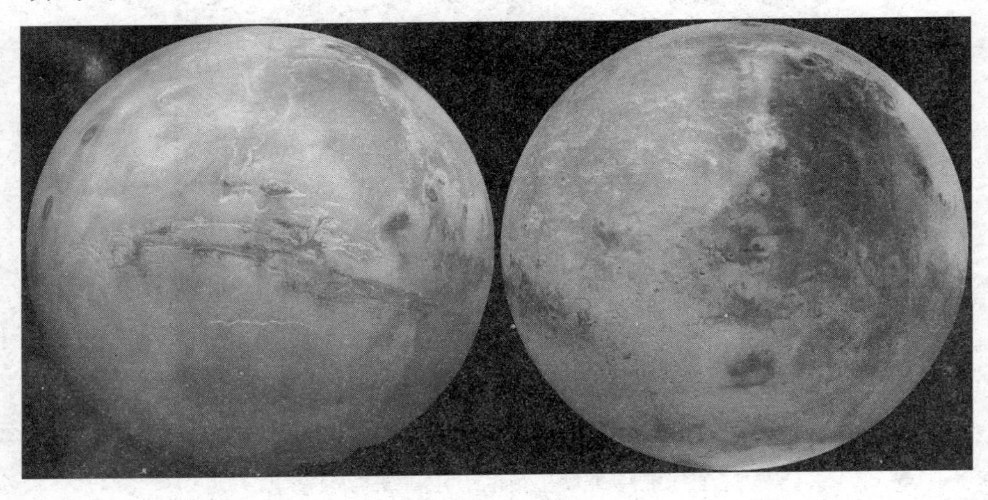

火星东西两半球的景象

火星上是否有生命是人们最关心和不断探讨的课题。为了捕捉生命活动迹象，1975年，美国相继发射了海盗1号和2号探测器，在火星上有可能找到生命及其痕迹的地方着陆，进行了碳成分的代谢实验、标识释放实验和气体交换实验。之所以做这些实验是因为据我们所知，生命完全基于含碳物质，没有它就没有生命。然而，结果却令人失望，它们在火星没有发现与生命有关的任何痕迹。这次实地考察至少大大地减少了火星上存在生命的可能性，但不少科学家认为，探测器考察的范围太小，应该到水源比较丰富的地方去寻找生命。

海盗号探测火星20年后，人类相继发射了火星探路者、火星环球勘测者、火星奥德赛、火星快车、勇气号、机遇号、火星勘测轨道器和在极区着陆的凤凰号等大量空间探测器。这些探测器都或多或少地发现了火星历史上曾经拥有大量水，甚至有生命的迹象。但严格地说，这些只是间接而并非确凿无疑的证据。火星水和生命之谜是一个涉及范围极广的重大科学问题，其实际意义已超出科学本身。对于这样重大的问题，靠人们目前掌握的资料还无法得出定论，也许要等火星土壤标本在地球实验室经过严格检验之后，拿出令人信服的证据，这个谜才会告破。

火星是人类迟早要踏上的星球。它是人类最想得到的另一个能取代地球的栖息地。火星上是否有生命似乎已经不再重要，重要的是经过改造，它是否能适应人类的生存。有人设想，如果通过环境改造，使火星的气候和大气层发生变化，就能融化北极的冰冠，形成汪洋大海，营造一个可以生存的环境。

火星极地冰盖

火星有两颗卫星，分别叫火卫一和火卫二，都是在1877年发现的。它们的个头都不大，呈不规则形状，绕火星的公转周期分别是7小时39分和30小时18分。两颗卫星的自转周期与各自的公转周期相同，这说明它们始终以表面的同一部位对着火星。

火卫一

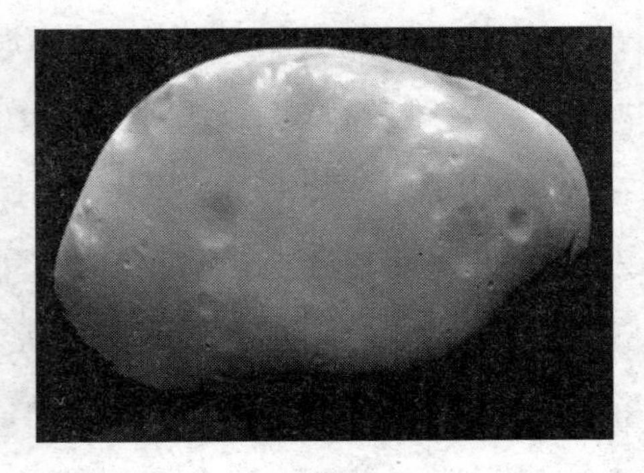

火卫二

火星上的天空似乎平淡无奇，太阳和星星交替出现，一昼夜仅比地球长 40 分钟。88 个星座各就各位，北极星仍在老地方。但和地球上的天空还是有一些不同之处，譬如地球的天空是蓝色的，而火星的天空是橙色的。在火星上，水星仅凌日时才能察觉到它的存在，金星也常常淹没在阳光中，唯有地球和月球显得特别神秘。这对“双星”的间距时大时小，亮度也在迅速地改变。在地球大距时，地球像我们看到的金星一样明亮。从火星上看，火卫一很醒目，它就在火星的赤道上空运行。由于它绕火星的角速度比火星自转的角速度快得多，全天中唯有它是东落西升的。但它个儿不大，形状也不圆，最大亮度只有地球上的满月亮度的千分之六。火卫二就更逊色了，离火星又远，很难分辨出它的视圆面，亮度仅与我们所见的金星相当。由于在火星上看，太阳的角直径为 20′左右，火卫一的视直径只有 12′，所以火星上看不到日全食，只能看到日环食。火卫二就更小了，它连日环食都形不成，只能造成凌日。当初，火星卫星被发现之后，曾有人浪漫地设想，火星上的情侣比地球人有更多的幽会佳期，因为他们有两个温馨的“月亮”，现实情况告诉我们，火星的“月亮”并不迷人。

太阳系最大的行星——木星

从距离太阳最近的水星排序，木星是第五颗行星，也是第一颗带外行星（小行星带外面的行星）。木星与太阳的距离约 7.8 亿千米，相当于日地平均距离的 5.2 倍，但它在夜空中的亮度仅次于金星，冲日时亮度可达－2.4 等。我国古代为了观测日、月、五星的位置和运动，把黄赤道自西向东划分成 12 份，称为 12 次。木星一年差不多行一次，12 年行经一周天。春秋战国时代，各诸侯国都在自己的王公即位之初改变年号，因此，各国纪年不统一，不利于各诸侯国之间政治、经济、文化交流，于是统一用木星每年行经的星次来纪年。因此，木星又被称为岁星。

木星表面

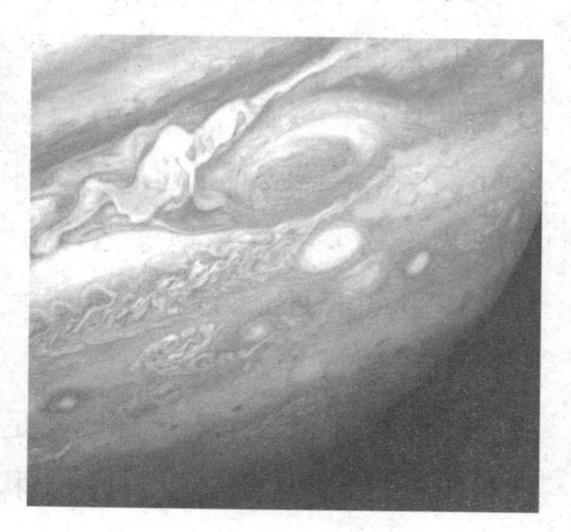
木星表面的大红斑

木星是太阳系中最大的行星，体积是地球的1 316 倍，其他 7 颗行星的质量加在一起还不到它的一半。但木星的平均密度很低，每立方米 1.33 克，木星质量只相当于地球的 300 多倍。木星的公转周期为 11.87 年，自转周期只有 9 小时 50 分 30 秒，是太阳系中自转最快的行星。因此，木星的形状有点扁，极半径比赤道半径小 4 600 千米。如果把木星拉圆，两极的位置要各加上一颗水星。

木星没有固态的表面，上方覆盖着上千千米厚的云层。这些云层明暗相间，呈带状分布。色彩鲜艳的叫做带，是气体吸收木星内部沸腾的氢和氦传输的热量后向上运动的区域。云层中的暗区叫做带纹，是气体变冷后下降时形成的区域。木星最大的特征是位于南半球的大红斑。自 17 世纪发现以来，大红斑从未消失过，只是大小、颜色偶尔有变化，长度最长时达到 4 万千米，最短时也有 1 万多千米，宽度变化不大，一般是 1 万多千米。空间探测发现大红斑实际上是木星大气云层中的一个强漩涡，类似于地球上的飓风。科学家在漩涡中心发现有红磷化合物，从而解释了大红斑的颜色。

由于木星快速自转，金属氢在木星周围形成一个范围非常大，一直延伸到土星的强磁场，还有与地球辐射带很相像的辐射带。美国旅行者号探测器转到木星背着太阳的那一侧时曾发现长达 3 万千米的极光，这是第一次在地球之外的行星上发现极光。

1979 年 3 月，旅行者 1 号在穿越木星赤道面时发现了一个暗环。4 个月后，旅行者 2 号证实了这一发现，并辨别出木星环由三部分组成：亮环、暗环和晕。木星环厚不足 30 千米，宽数千千米，和高大的木星相比，可以说又薄又窄，再加上构成环的物质大多直径只有数十米左右，看上去很暗。

木星的第一批卫星是伽利略于 1610 年发现的，共 4 颗，分别称为木卫一、木卫二、木卫三和木卫四，统称伽利略卫星。1892 年美国天文学家巴纳德发现了木卫五。木卫六到木卫十三是 1904 年以后用照相方法陆续发现的。1979 年旅行者号发现了木卫十四，1980 年又接连发现了木卫十五和木卫十六。除最早发现的五颗卫星外，其他的卫星都不大，最小的木卫十三直径只有 16 千米。近年来，美国夏威夷大学的天文学家屡次成批地发现木星卫星，到 2006 年，木星卫星总数已达 63 颗。一些天文学家认为，木星周围直径 1 千米以上的卫星可能有上百颗。卫星和卫星系是从属于行星的天体和天体系统，虽然在层次上低一级，但是体积最大的卫星却比体积最小的行星还要大，譬如，木卫三和土卫六就都比水星大。大卫星都各具特色，或结构不凡，或环境异常，或景观独特，受到天文学家的重视。

木星的四大卫星
图中从左至右依次为木卫一、木卫二、木卫三和木卫四。

美国旅行者 1 号探测器对木星五颗较大的卫星进行了一一考察，它们离木星由近及远的次序是木卫五、木卫一、木卫二、木卫三和木卫四。最激动人心的消息是在旅行者 1 号拍摄的照片上发现木卫一上有火山活动，形成四五百千米高的烟云，当场捕捉到火山爆发的镜头，在太阳系中除了地球，木卫一首开纪录。木卫一的直径为 3 640 千米，比月球稍大。

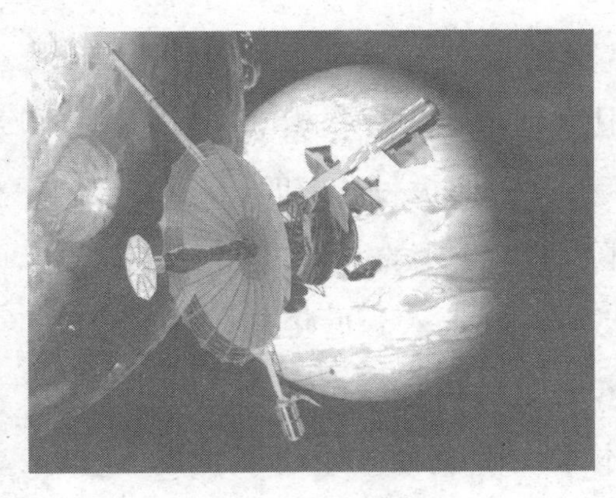

伽利略号木星探测器

1989年，美国宇航局发射了世界上第一个木星专用探测器伽利略号。其主要任务是探测木星大气、卫星情况，了解木星磁层特征。伽利略号在太空探索14年，行程46亿千米，对木星及其卫星进行了7年多的探测，环绕木星飞行34次，31次接近木星的卫星，通过它发回的数据、图像，科学家看到了一个与以前我们认识的不一样的木星世界。1996年6月，伽利略号首次对木卫一观测时发现，其表面与17年前相比有了很大变化，又发现了新的火山活动迹象。1999年10月10日，伽利略号来到距离木卫一仅仅670千米处近距离拍摄了火山活动。在木卫二上，伽利略号记录到一次巨大的火山爆发，几个月内，火山喷发出的岩浆扩散的面积有美国亚利桑那州那样大；在木卫三意外发现了一个比水星的磁场还要大的磁场，这是人类发现的具有磁场的第一颗木星卫星；在木卫四的表面有一条由25个直径十几千米的环形山一个扣一个连成的锁链状结构。

伽利略号最有价值的发现是探测到木卫二的表层下可能存在着海洋，这让人类看到了外星生命存在的希望。但正是这一发现，决定了伽利略号最终烈火焚身的命运。伽利略号一旦没有燃料，就会失控，有可能撞向木卫二的海洋，探测器上携带的地球细菌会污染那里的环境，威胁那里可能存在的外星生命。在科学家的安排下，美国东部时间2003年9月21日下午4时，当伽利略号运行到木星背面时，以16万千米的时速坠入木星大气层，由此产生的相当于太阳表面两倍的温度和巨大的压力使探测器在几分钟内香消玉殒。参与伽利略号计划的千余名工程师携家属在地面挥泪为之送行。

带着美丽光环的土星

土星是肉眼所能看见的最远的行星。八大行星里，土星的大小和质量仅次于木星。土星赤道半径大约为6万千米，能容纳七百五十多个地球，但质量却只有地球的95倍，因此其平均密度为每立方厘米0.7克，是太阳系中密度最小的行星。土星与太阳的平均距离为14.27亿千米，土星绕太阳一周需要29年零167日，而自转一周只需要10小时14分。土星在冲日时的视星等为－0.4等，可与天空中最亮的恒星相比。由于土星每28年绕行一周天，恰好每年“坐镇”二十八宿之一，我国先秦时曾把土星称为“镇星”或“填星”。

哈勃空间望远镜拍摄的土星照片

土星和木星一样，表面也是液态氢和氦的海洋，上方同样覆盖着厚厚的云层。土星云层中也有像木星那样的带状结构，呈棕黄色、黄色或橘红色，它们比木星云带中的条纹看上去更规则，但色彩不如木星的鲜艳。土星大气中有时也会出现亮斑、暗斑和白斑。有史以来最著名的大白斑是1933年8月发现的，出现在土星赤道附近，呈椭圆状，最大时几乎扩展到整个赤道。土星大气十分活跃，气浪翻滚，风云迭起，气象万千。狂风肆虐时，沿东西方向的风速可超过每小时1 600千米。

土星最突出的特征是环绕其赤道的光环，虽说后来发现木星、天王星、海王星也都有环，但土星的光环是最亮、最美丽的，就像一件能工巧匠精心打造的艺术品，美妙无比。人们虽然千百次地从望远镜中见过它，但每次见到时都会发出由衷的赞美。土星光环是伽利略1610年发现的。不久，人们就发现它不是一个固态的完整的环，由两条暗缝分割成三个环，靠外的A环与靠内的B环之间被一条称为卡西尼的缝隔开，C环靠近土星本体，但很弱。1966年人们在C环内发现了D环，它已到了土星大气层以内。1969年在A环以外发现了E环。这两个环缝分别称为恩克缝和法兰西缝。由于土星的自转轴相对于公转轨道有一个26.7°的倾角，因而从地球上看去，有时它的北极斜对着地球，我们看不到它的南极；有时则是南极斜对着地球，地面上看不到北极；当光环的边缘与我们的视线趋向一致时，光环变得细如一线；在它与视线完全重合的一段时间，甚至看不到光环。这些变化表明土星的光环虽然很宽，但却很薄。

1973年4月，美国发射的先驱者11号探测器，在1974年12月探测木星之后，于1979年9月1日飞临土星，成为人类派往土星的第一位使者。飞船上的照相机拍摄了土星照片，测量了土星大气、磁场、引力场和光环，以及土卫六和另外两颗卫星。大量的照片和数据使人类对土星有了空前深入的了解。

先驱者 11 号探测到土星也有磁场，但只有 0.22 高斯，比想象的要弱得多。它的磁轴与自转轴重合，这在太阳系行星中是绝无仅有的。磁心偏离土星核心 22.5 千米，磁场范围比地球磁场范围大上千倍，但比木星磁场小，也没有木星磁场复杂。与此同时，还发现土星有一个强度小于地球的辐射带。先驱者 11 号在 6 万千米外接收到土星发射的无线电波，表明土星有较强的电磁辐射。经测定，土星辐射的能量是它接收的太阳能量的 2.5 倍，这一点和木星一样，说明它们和别的行星不同，有内在能源。

在空间探测之前，人们知道土星有 10 颗卫星，1977 年发现了土卫十一。1979 年，先驱者 11 号发现了土星的第十二颗卫星，称为先驱者岩。先驱者 11 号还发现了土星的第六个环（F 环）和第七个环（G 环），并测出光环的温度为－200 ℃。

1981 年到达土星的美国旅行者 1 号、2 号探测器所载的仪器远胜于先驱者 11 号，不但发现了土星 11 颗新卫星，还发现土星环远不止 7 个，而是成千上万个。从飞船发回的特写照片上看，土星光环的结构甚为复杂。近看，就像到了瓦砾场，大小石块和冰块混在一起，难以分辨一个个的光环；远看，土星环分成不计其数的明暗相间的细环，就像一张密纹唱片，细分辨，有完整的环，有残缺的环，有的环呈锯齿状，

旅行者 1 号在距离土星 72 万千米拍摄的土星环局部

有的环呈辐射状，还有的环扭在一起，像小姑娘的发辫，真是五花八门，让人眼花缭乱。

在土星诸多卫星中，1655 年荷兰天文学家惠更斯发现的土卫六是最被关注的一个，其直径为 5 150 千米，只比太阳系中最大的卫星——木卫三（直径为 5 262 千米）略小一些，而且是太阳系中唯一有大气的卫星。旅行者 1 号发现土卫六的大气厚度约 2 700 千米，大气温度为－201 ℃。组成土卫六大气的主要是氮，约占 98%，甲烷还不到 1%，还有少量的乙烷、乙烯、乙炔和氢等。由于温度低，大气中的氮呈液体状，卫星表面有液体氮的湖泊。科学家认为土卫六云层顶端的分子，很可能是产生生命前的氢氰酸分子。

除土卫六之外，天文学家从旅行者号发回的资料发现，土星的其他卫星都很小，在寒冷的表面上都有陨星撞击留下的累累伤痕。

1997 年 10 月 15 日，20 世纪耗资最高、规模最大、美国航天史上携带放射性核燃料最多的卡西尼号土星探测器跃然腾空。参与该计划的除美国宇航局，还有欧洲空间局、意大利航天局等。卡西尼号装备了 27 种最先进的研究设备，还携带了一个探测土卫六的子探测器——惠更斯号。卡西尼号于 2004 年进入环土星运行轨道，绕土星 74 圈，对土星及其几个特点突出的卫星进行了近距离探测。

根据旅行者号的测量结果，土星日长是 10 小时 39 分 22 秒。2004 年，根据卡西尼的观测结果，将这一数值修正为 10 小时 45 分 45 秒，2006 年又修正为 10 小时 47 分 06 秒。2007 年，综合卡西尼号、先驱者号和旅行者号的观测数据，将土星的自转周期修订为 10 小时 32 分 35 秒。如果新的数值是正确的，那么土星上的风速应比以前认为的略小。

卡西尼号的红外光谱仪捕捉到土星外层大气温度交替变化的图

景，结合地面观测数据，科学家发现土星从冷到热的周期为半个土星年。

卡西尼号以空前近的距离掠过土星环，看到了土星环中的许多精细结构，发现了几个新的暗环。这些弥漫的暗环都不比木星环逊色，其中几个因受到附近卫星引力的影响，扭结在一起。卡西尼号 2005 年 5 月 3 日来到土星环的后面，测量了环各处的厚度和粒子的大小，发现 B 环的结构和 A 环是不一样的，还发现最里面的 D 环有些部分向土星方向移动了 200 千米，并且变暗了。凡此种种，证明土星环很年轻，可能是在几亿年前才形成的。

卡西尼号到达土星轨道想象图

土卫九是土星外围最大的卫星，直径 220 千米，是土星卫星中唯一逆行的，而且轨道偏心率很大，被天文学家选中，成为卡西尼号访问的第一个土星系统成员。在此之前，几乎有关它的所有知识都来自地面望远镜的有限的观测和旅行者 2 号走马观花的一瞥。在卡西尼号拍摄的照片上，土卫九表面覆盖着 300～500 米厚的一层暗的冰物质，布满了大大小小的陨石坑，其中最大的陨石坑直径 50 千米，而小的则不到 1 千米。撞击土卫九的物体来自土星系统内部还是外部尚不知晓。在卡西尼号飞掠土卫九两周后，科学家得出结论，土卫九是由水冰、岩石以及含碳化合物混合而成的，密度为每立方厘米 1.6 克，卫星表面非常寒冷，温度为－163 ℃。

2005 年 2 月 15 日，卡西尼号飞越土卫六时用雷达和照相机进行了交叠拍摄，揭示卫星上有一个美国艾奥瓦州大小的陨石坑。同年 4

月 16 日，在距土卫六表面 1 027 千米处，发现其浓厚的大气中有复杂的碳氢化合物，还在土卫六上面发现一个比安大略湖稍小的肾状液态甲烷湖。

卡西尼号 2005 年 2 月 16 日第一次接近土星的冰卫星——土卫二，看到它非常亮。后来再次接近时发现它有大气，科学家猜想它上面可能有冰火山爆发。2008 年 3 月 12 日，卡西尼号又一次接近土卫二时，发现这颗小卫星活动剧烈，大量灼热的水蒸气和有机分子像喷泉一样从裂缝中涌出，天文学家认为这些物质补充了土星 E 环里的冰。

在卡西尼号抵达土星之前，土星已知的卫星是 31 颗。卡西尼号进入土星轨道后，又发现了 6 颗。2006 年，天文学家在土星环中发现了一种新的迷你型卫星，跨度只有 100 米。这样一来，土星的卫星总数达到 56 颗。目前天文学家手中还有不少有待进一步确认的土卫候选者，因此今后土星卫星总数会不断更新。

土卫六全景

2004 年 10 月 20 日，卡西尼号第一次飞掠土卫六时拍摄的 9 幅图像合成的土卫六全景，这是迄今为止土卫六最好、最详细的图像。

2005 年 1 月 14 日正值土星冲日，沉默了 7 年之久的惠更斯号被释放，经过两个半小时的惊险降落，成功地在土卫六上着陆，刷新了人类探测器在其他星球着陆的最远距离纪录，并且第一次实现在其他行星卫星上软着陆。惠更斯号先是撞到一块硬的表面，然后侧身跌落到松软的表面，着陆器下陷了10毫米。科学家估计惠更斯号着陆在海滩上，碳氢化合物构成的大海刚刚退潮。惠更斯号在土卫六上仅工作了3个小时，但它通过卡西尼号传回的资料却足够科学家忙碌好几年。

惠更斯号在降落过程中探测到土卫六高层大气中有强烈的扰动，发现电离层和闪电迹象，还测量了土卫六表面到1 400千米高空之间的湿度、密度、电导率等。红外和雷达观测表明，土卫六各处的反射率不同，这说明它上面不可能有覆盖全球的海洋。根据惠更斯号发回的资料，土卫六表面下一层甲烷冰正在源源不断地向大气中输送甲烷。估计土卫六上甲烷构成的雨量达到每年5厘米。

惠更斯号上配备的麦克风捕捉到土卫六上呼啸而过的风声，风速为每小时24千米。为了回应这颗星球上所发出的天籁之音，惠更斯号播放了从地球上带来的音乐，这是欧洲空间局在这次太空使命中特意设计的向可能存在的外星生命发出的友好信号。

惠更斯号发回的资料显示，土卫六极其寒冷，表面有很多与地球类似的地形，譬如高地、平原、河床、陨石坑和火山丘等，并含有大量构成生命基础材料的有机物，和生命诞生之前的地球环境确实有相像之处。

躺着公转的行星——天王星

天王星位于土星轨道之外，它到太阳的距离是日地距离的 20 倍，直到 1781 年才由英国天文学家威廉·赫歇尔发现。在此之前，人们以为土星轨道是太阳系的疆界。天王星的发现使太阳系的范围扩大了一倍。天王星的体积是地球的 65 倍，但在地球上看却很小，即使在大冲时视角直径也只有 4″。它绕太阳公转一周需要约 84 年，平均每天只移动 46′，很难与恒星区分，历史上曾多次被误当恒星载入星图。天王星也是一颗气体巨行星，但离地球太远，即使最先进的地基望远镜也只能将它分辨成一个小小的蓝绿色圆面，无法看清细节，因此对它的认识常常是似是而非的。

1986 年 1 月，美国旅行者 2 号探测器飞临天王星，最近时距离它只有 8 万多千米，在短短的 30 多天中向地球发回7 000多幅天王星全景、近景和特写电视图像。

旅行者 2 号接近天王星时，看到它横躺着，南极对着飞船。太阳系中的行星大多是侧着身子围绕太阳旋转的，也就是说，行星的自转轴与公转轨道面大致垂直。唯有天王星与众不同，黄赤交角只有不到 8°，看上去就像躺在公转轨道上似的。自转轴这种奇特的倾倒是太阳系起源理论学说中一个难以解决的问题，科学家推测可能是天王星曾遭到一个大天体猛烈撞击所致。在天王星绕太阳公转的 84 年里，太阳轮流照射它的北极、赤道、南极、赤道。当太阳照射到北极时，北半球没有黑夜，进入漫长的夏季，而此时，南半球则处于黑暗的冬季，只有赤道南、北 8°之间在春、秋分前后十几年内有昼夜变化。旅行者 2 号测出天王星表面的平均温度为−212 ℃，由于距离太阳太远了，赤道与两极的温差不大。

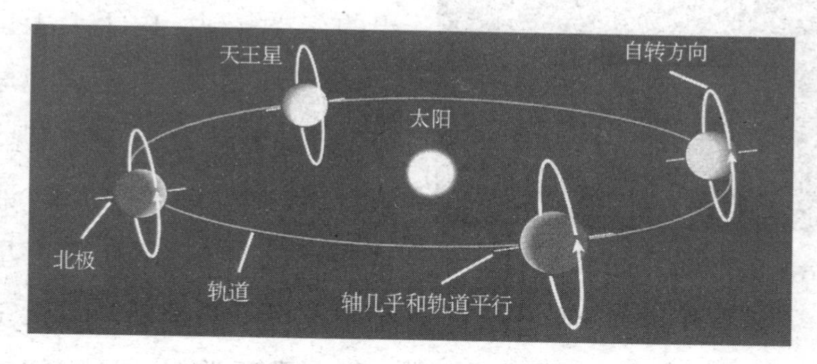

天王星“躺”在轨道里绕太阳运行

地面射电观测发现天王星可能有磁场。旅行者 2 号在到达天王星最近距离之前，就探测出天王星发出的射电信号和带电粒子流，证明天王星确有磁场、磁层和辐射带。旅行者 2 号以磁场为参照，测得天王星的自转周期为 17 小时 15 分。

旅行者 2 号获得的资料表明，天王星有数千千米厚的大气，其中 80％是氢，氦不到 20％，还有少量的甲烷和其他气体，平均气温 −176 ℃。平时天王星很平静，而一旦发起威来，也不得了，飓风的速度能超过声速，也就是说当您听到呼啸的风声时，却早已事过境迁，风平浪静了。

飞船接近天王星只有十几秒钟，但所得到的资料却足以证明，在天王星大气之下是由水、甲烷和氨等冰晶体构成的半融化状态的汪洋大海。大海表面静如止水，而实际上温度高达三四千摄氏度，之所以不沸腾是因为它身上承受着几千个大气压。

多少年来，土星一直以独有光环而傲视群星，但这种局面在 1977

旅行者 2 号距离天王星 236 000 千米拍摄的天王星环局部

年被打破了。天文学家通过观测天王星掩恒星，发现了 9 个天王星环，堪称 1930 年发现冥王星以来，地面观测对太阳系天文学做出的首要发现。由于天王星环狭窄，离天王星太近，距离地球又十分遥远，无法在地球上观测到。旅行者 2 号探访天王星，证实了这些环的存在，还在天王星环系统中发现了两个新环。天王星环主要由大量黑暗的小颗粒物质组成，和木星环类似。环之间的空隙比较大，无法和壮观的土星环相比，但它们的色彩比较丰富，有的环偏红，有的环偏蓝。近几年，空间观测发现天王星环至少有 20 个，如果把那些残缺不全的环也算上，应该上百了。

威廉·赫歇尔在发现天王星的第六年发现了离天王星最远的两颗卫星——天卫三和天卫四。1851 年，英国天文学家拉塞尔发现了天卫一和天卫二。离天王星最近的天卫五直到 1948 年才被美国天文学家柯伊伯发现。这 5 颗卫星都在接近圆形的轨道上绕天王星运行，它们的公转周期只有几天或十几天，轨道面与天王星赤道面的交角很小，都属于规则卫星。它们的轨道面与天王星公转轨道面的交角约为 98°，是逆行卫星。旅行者 2 号一一拜访了这五颗卫星，还发现了 10 颗卫星，直径在 40～70 千米之间。

1997 年 5 月，天文学家用当时地面最大的海尔望远镜发现了两颗天王星卫星。2005 年 10 月初，国际天文学联合会公布了夏威夷大学天文学家从 2003 年 8 月 29 日昴星望远镜拍摄的照片检测出的天王星新卫星的资料，加上哈勃空间望远镜发现的新卫星，天王星的卫星已达27颗，其中24颗已有正式的名称。

天王星和它的5颗卫星(合成照片)

如果有一天，宇航员来到天王星上，他是无法回望地球的。如果天王星上没有大气，天空永远是漆黑的，那也只能在高纬度地区偶尔看到土星和木星，火星、地球、金星、水星则永远淹没在阳光之中。但实际上，天王星上的大气也很浓密，要找木星都很困难，只有当海王星冲日时，视力敏锐的"天王星人"才有机会看到这颗在北极星附近游弋的暗淡的行星。夜晚，在天王星的赤道上它的五颗较大卫星像走马灯似的川流不息。它们有时此起彼落，有时也会几颗聚在一起，甚至互相掩食。在天王星上看到的太阳只是一个角直径不到2′的亮斑，相当于放在150米外的一只苹果。尽管如此，阳光仍比地球上的满月还亮1 280倍。

太阳系最远的行星——海王星

海王星是太阳系中离太阳最远的一颗行星。海王星绕太阳公转轨道的半长径是日地平均距离的30倍,转一圈下来需要大约165年,要到2012年它才能回到首次被看到的位置。由于海王星太遥远了,地球上一架能放大300倍的望远镜才能看见海王星角直径不到4″的圆面。在美国旅行者2号探测器探测它之前,天文学家没有取得任何关于它的实质性的观测资料,对它的情况几乎是一无所知。

1989年8月24日,旅行者2号到达海王星。在探测器的“眼”中,海王星的身影足足占了1/4的天空。海王星的外貌、颜色和天王星很相像,构造也差不多,仅比天王星小3%。海王星大气的主要成分是氢、氦和甲烷,寒冷的大气层下是一层由水、氨和甲烷构成的液态的幔,覆盖着一个含铁的岩石核心。

1989年8月旅行者2号
拍摄的海王星

我们知道,地球上的风是由太阳加热变强的,其他行星上也如此。海王星离太阳那么远，得到的太阳能量只是木星的 1/20，按说应该是幽静之所，但旅行者 2 号却发现海王星是大气活动最为剧烈的行星之一。地球上破坏力极强的十二级风的时速是 118～133 千米，但海王星上的风速最高可以达到每小时1 930 千米（远远超过声速了）。旅行者 2 号发现在海王星南纬 21°有一个醒目的黑斑，东西长约12 000 千米，南北宽约 8 000 千米，其形状、相对位置以及和行星的比例都和木星大红斑如出一辙。但 1995 年哈勃空间望远镜拍摄海王星时，大黑斑已经消失了。

旅行者 2 号探测到来自海王星非常有规律的射电暴噪声，大约每 16 小时重复一次。这种旋转磁场的信号为天文学家确定海王星的自转周期提供了可靠的依据。旅行者 2 号测出的海王星磁场强度是地球磁场的两三倍，海王星上空也有辐射带。

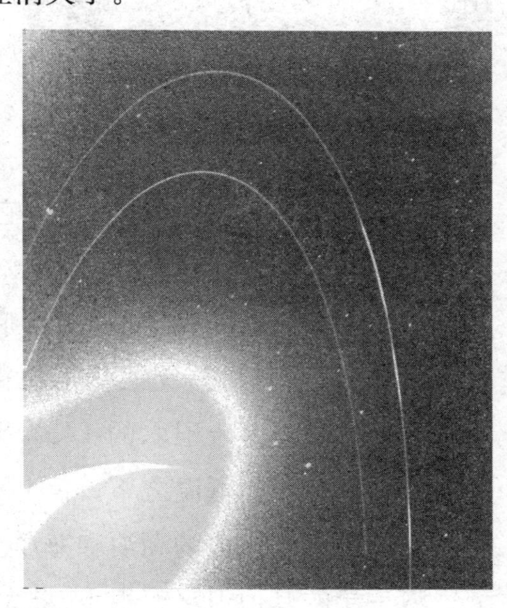
海王星光环

海王星也像土星、天王星和木星一样，拥有自己的环系，但海王星的环最暗，可能是由反射率很低的岩石碎块或者表面覆盖了一层黑色有机分子的冰粒组成的。海王星共有 5 个环，环内大部分物质是均匀分布的，但最外面的环却有三个弧段比别处亮。天文学家推测，这可能是环里的一颗小卫星——海卫六的引力阻止环物质扩散造成的。

海王星是类木行星中拥有卫星最少的。海卫一是与海王星同年

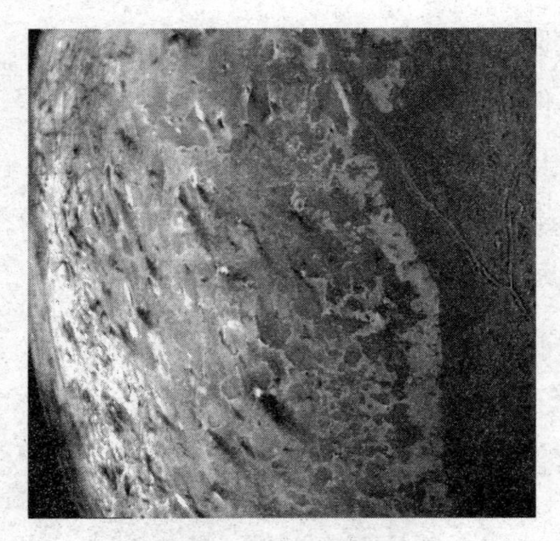

海卫一南极附近地表图片

此图片是1989年8月由旅行者2号拍摄的，图中约有50处黑色条纹，那是冰火山喷出的物质。

(1846年)发现的，发现者是英国天文学家拉塞尔。海卫二是1949年柯伊伯发现的。旅行者2号发现了6颗新的海王星卫星。进入21世纪后，天文学家用智利和夏威夷的大型望远镜又发现了5颗，使海王星的卫星总数达到13颗。

海卫一半径1 360千米，比月球略小，是海王星最大的卫星，也是太阳系中较大的卫星。海卫一上有三座正在喷发的火山，它们喷出的不是滚烫的熔岩，而是白色的冰块和淡黄色的冰氮颗粒。海卫一也有大气，但极为稀薄。和土卫六一样，海卫一能保存带有痕量甲烷、含氮气的大气层是因为低温气体的运动极慢，无法从卫星微弱的引力场中逃逸。海卫一获得的太阳热量只是土卫六的1/10，平均气温只有－240 ℃，是太阳系中最寒冷的卫星。低温之下，许多气体会被“冻”成液体，因此海卫一上可能有液体氮构成的湖泊和海洋。

海王星的其他卫星都很小，最大的一颗是海卫八，直径400千米。一些离海王星最近的小卫星直径只有几十千米，形状不规则。这些小卫星除海卫二外，几乎都处在海卫一轨道以里。海卫二离海王星最近130万千米，最远950万千米。天文学家认为它可能是海王星俘获的一颗小行星。

海王星的自转、公转都很正常，除了它的1年长达164.8地球年，昼夜比地球短两小时外，似乎没有什么特殊之处，太阳东升西落，众星有条不紊地进行周日运动。由于海王星的黄赤交角为28°48′，从理论上讲，海王星上也有四季之分、五带之别，只是海王星一个季度相当于41个地球年。但由于海王星离太阳有46亿千米之遥，这么远的距离光都要跑4个多小时，海王星上的季节已没有什么实际意义，夏季和冬季仅仅是用来区别它是受到阳光照射还是背着阳光而已。

在海王星的天空中，太阳的角直径仅有1′4″左右，几乎达到人眼分辨本领的极限，但它的光仍相当于挂在80厘米处的一盏100瓦电灯那样夺目。在海王星上肉眼可见的行星只有天王星，但它的目视星等只有4等。海王星天空中比较奇特的是海卫一，它的视直径可达1°31′，为月球视面积的九倍多，但它发出的光却还不到月球的1%，在“望”时也只相当于一颗－7等的星。海卫一环绕海王星反向（从东向西）公转，其轨道相对于海王星赤道面高度倾斜，是太阳系唯一运行在不规则轨道上的大卫星。这意味着海卫一的两极地区也会像天王星那样，先是一极朝向太阳，持续一个漫长的季节，多少年之后，同一季节又轮换到另外一极。海卫二离海王星比海卫一离海王星远15倍，直径也只及海卫一的1/15，是顺行卫星。因太远，太小，海卫二有如一颗4.6等的暗星在海王星的天空时隐时现。

太阳系有哪些小天体

太阳系里，除了以上介绍的行星及其卫星之外，还有许许多多的小天体，譬如小行星、彗星、流星以及柯伊伯天体等。

小行星带

天文学家估计太阳系里的小行星大约有 50 万颗，它们的总质量相当于地球质量的万分之四。最大的小行星，直径不足 1 000 千米的谷神星质量就占了小行星总质量的 1/4。直径超过 50 千米的小行星大约有 560 颗，绝大多数小行星的直径在千米以下。只有比较大的小行星通过引力吸积，将自己塑造成球形，大部分小行星的形状是不规则的。

小行星大多分布在火星和木星轨道之间的主小行星带里，它们与太阳的平均距离为 2.8 天文单位。但也有少数小行星的轨道越出土星、天王星、海王星，甚至比冥王星还远。这些小行星被称为远日小行星或远距小行星。也有的小行星轨道向内太阳系伸展，有的伸进地球轨道之内，更有甚者，深入到金星、水星轨道之内，这些小行星称为近日小行星或近距小行星。其中接近地球轨道和伸进地球轨道的称为近地小行星。

小行星和行星是同源的。经历了四五十亿年的风雨历程，行星的内部和外部有了很大变化，而由于小行星太小，不会发生火山爆发或受到放射性元素的加热，保留着太阳系形成初期的状态，是研究太阳系起源和演化的活化石。

小行星在以往的天文学研究中做出过重要的贡献，1930—1931年433号小行星——爱神星冲日时国际天文学联合会组织了空前规模的国际联测，得到了三角测量所能达到的最精确的日地距离数值——14 958万千米。天文学家还利用小行星测量过行星的质量。为了提高星表精度，国际天文学联合会组织十几个天文台对谷神星等10颗小行星监测，从实际的数据及已知的轨道根数确定黄道和天赤道的准确位置。小行星的体积和引力小，某些特殊轨道的近地小行星有望作为未来太空旅行的中转站。有些小行星矿产丰富，具有开采价值。

美国宇航局拍摄的
爱神星特写照片

照片揭示了爱神星的细节特征，环形坑里布满了巨砾，还有一些后来形成的小环形坑。爱神星的尺度为36千米×15千米×13千米。

小行星带给我们方便和机遇的同时，对我们也构成了一定的风险。月球、水星、金星、火星、火星的卫星、木星的卫星、土星的卫星等表面上都有明显的撞击痕迹。有证据证明39亿年前，小行星曾大规模地撞击地球，地球上已发现的140多个陨石坑有90多个是小行星所为。6 500万年前地球上庞然大物恐龙的灭绝据说也是一颗直径10千米的小行星撞击地球导致的。研究认为，直径大于1千米的小行星撞击地球就能诱发全球性的气候、环境灾变与生物灭绝。目前，科学家已掌握了近地小行星与地球近遇的预测技术，在世界各地部署了太空监测网，系统地搜索和跟踪对地球有威胁的小行星，以便及早采取措施，化险为夷。今天，近地小行星的研究不仅为天文学家所重视，也受到其他学科的科学家乃至社会的关注。

彗星俗称扫帚星，在科学不发达的年代，被人们认为是不祥之兆。彗星在我国星占学理论中最基本的意义是“除旧布新”，即改朝换代，所以历代天文学家孜孜不倦地观察和记录天空中出现的每一颗彗星，留下了世界上最完整、最丰富的彗星史料。

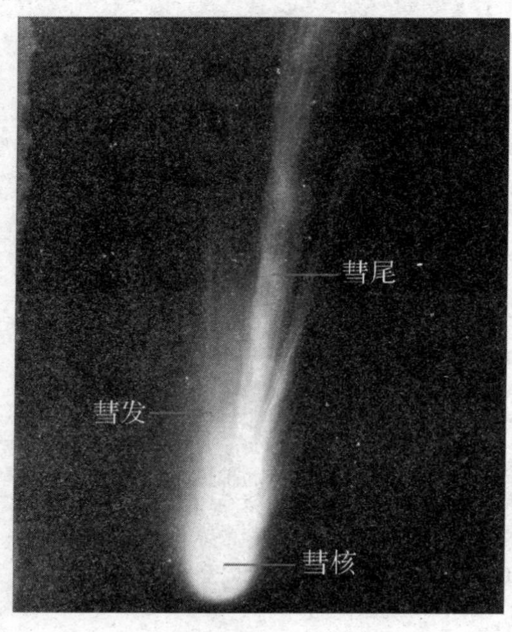

彗星结构

天文学家估计，在太阳系里大约有 1 000 亿颗彗星，但迄今人们掌握轨道的彗星只有一千多颗。有人把彗星比喻成天空中的流浪汉，什么时候出现，出现在哪里，往哪里走，人们事先并不知道。其实，一颗彗星一旦被发现，跟踪一段时间，就可以计算出运行轨道，大致知道今后什么时候出现，途经哪些星座，运行速度有多快。彗星有椭圆形、抛物形和双曲线三种轨道，太阳在曲线的焦点上。彗星离太阳最近的位置叫近日点，椭圆轨道的彗星还有远日点。如果彗星的轨道是椭圆的，说明它可以周而复始地绕太阳运行，称为周期彗星。周期短于 200 年的为短周期彗星，长于 200 年的为长周期彗星。抛物形和双曲线轨道的彗星，只能接近太阳一次便一去不复返了，称为非周期彗星。

彗星由彗核、彗发、彗尾三部分组成，人造卫星观测发现彗发的外面还有原子氢构成的彗云。但不是所有的彗星都发育得那么完

彗星接近太阳时形状变化示意图

全，有的彗星没有彗尾，有的甚至连彗发也没有。即使是同一颗彗星，外貌和亮度也有显著变化。当彗星远离太阳时，只呈现一个云雾状的斑点，只有当彗星离太阳较近时，在太阳的照射下，彗核中的尘埃和气体才逐渐蒸发，形成彗发、彗尾。一旦远离太阳，彗发、彗尾就又消失了。

彗星的物质主要集中在彗核。彗核就像脏雪球，里面含有大量的水和各种有机物。一些科学家认为，海洋里一半的水和地球上一大半有机物是由彗星带到地球的，彗星对生命的产生起了“播种”的作用。彗星不仅在几十亿年的地球历史中多次为地球生命带来新的基因，而且还会给现在的地球带来病毒和细菌。

晴朗的夜晚，天空中偶尔会有一道亮光闪过，这就是流星。流星不是天上的星星，只是行星际空间里的尘粒和固体物质。流星之所以会发光，完全是进入大气后与大气发生剧烈摩擦导致的。流星体一般很小，在大气中就被融化了，落到地面上的大流星不多。落下来的流星称为陨星。

狮子座流星雨辐射点的位置

沿同一轨道绕太阳运行的大群流星体称为流星群。当地球穿过某一流星群的轨道时，往往会形成流星雨。由于透视的原因，流星雨都有一个辐射点，流星仿佛都从这一点迸发出来。通常把辐射点所在的星座名或附近的恒星名作为流星雨的名字，如狮子座流星雨、天琴座流星雨。

黄道光

流星和彗星有演化上的联系。1846 年，人们亲眼见到比拉彗星一分为二。1852 年，两颗彗星双双出现，之后就再没有出现。而到了 1872 年 11 月 27 日当地球穿过比拉彗星的轨道时，天空中仙女座方向出现了壮观的流星雨。显然，比拉彗星已经粉身碎骨，化成了一群流星。时至今日，这个流星群还在每年 11 月底出现，但随着它们在轨道上逐渐散开，流星雨一年比一年弱了。可见我国自古以来，把彗星、流星和陨星相提并论是有道理的，这些小天体具有统一性，彼此是有关联的。

最小的流星和星际尘埃并无区别，聚集在黄道上的大量尘埃形成了美丽的黄道光——微弱发光的锥形体。春季没有月亮的晴天傍晚，在西方天空可以看见黄道光；秋季太阳升起之前，在东方天空也可以看到黄道光。

在海王星轨道之外，有一个由无数原始冰岩组成的环，这就是短周期彗星之家——柯伊伯带。位于柯伊伯带里的天体，统称为“柯伊伯天体”。自从 1992 年天文学家发现第一个柯伊伯天体以来，人们发现的柯伊伯天体已超过 1 000 颗；其中直径上千千米的有 10 来颗。据说，直径 1～10 千米的柯伊伯天体可多达 10 亿，它们的总质量达到地球质量的 10%～30%。

国际天文学联合会 2006 年 8 月 4 日作出决议，将行星和太阳系的其他天体分为三类。规定“行星”应该是位于围绕太阳的轨道上，有足够大的质量来克服固体应力以达到流体静力平衡的形状（近于球形），以及已经清空其轨道附近的区域的天体。那些位于围绕太阳的轨道上，有足够大的质量来克服固体应力以达到流体静力平衡的形状（近于球形），还没有清空其轨道附近的区域，以及不是一颗卫星的天体称为“矮行星”。其他所有围绕太阳运动的不是卫星的天体称为“太阳系小天体”。据此，符合行星条件的只有水星、金星、地球、火星、木星、土星、天王星和海王星。1930 年发现后一直作为太阳系第九颗行星的冥王星虽然接近圆球形，并且环绕太阳运行，却未能清空其轨道附近的区域，2006 年被国际天文学联合会划归为矮行星。与

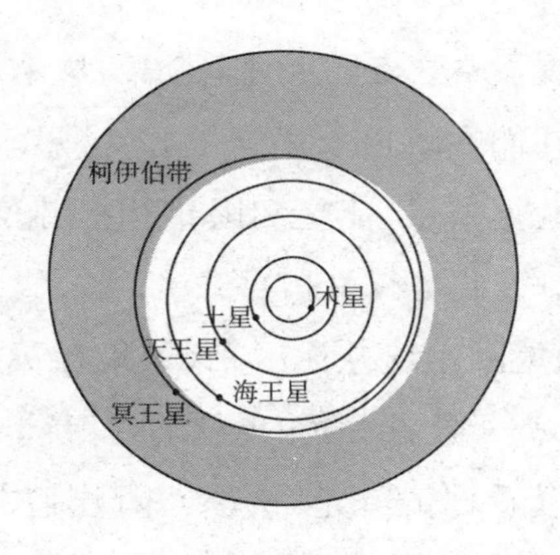

柯伊伯带示意图

冥王星同处柯伊伯带的厄里斯以及最大的小行星谷神星也划归这一类。至于其他众多的小行星和柯伊伯天体，究竟还有哪些应该确认为“矮行星”，还需国际天文学联合会一一界定。彗星、绝大多数小行星，以及柯伊伯带中的许多天体都属于太阳系小天体。

恒星是不动的星星吗

天空中绝大多数星星，仿佛构成了一幅静止不动的壮丽画卷。夜复一夜，年复一年，星星就像固定在拱状天穹上，随着“固态天穹”一起，周而复始地转动。古人称这些固定的星星为恒星。它们是太阳的兄弟姐妹，像太阳一样能够自己发热发光，所以人们常说恒星是遥远的太阳，而太阳是最近的恒星。

宇宙中恒星的质量和体积千差万别，最大的红巨星直径超过太阳直径(约为140万千米)100倍到上千倍以上,譬如仙王座VV星中的A星,它是一颗红超巨星,其直径是太阳的2 000倍左右,体积相当于10亿个太阳,但它的物质密度比空气还稀薄,是个“虚胖子”。恒星世界中也有“矮子”,它们是白矮星、中子星和黑洞。白矮星直径平均只有太阳的百分之一,约1万千米,质量却同太阳相等。中子星体积更小,半径在10千米左右,但密度惊人,约为水的10^{14}倍,每立方厘米物质重达上亿吨。但中子星还不是恒星中最重的,真正有资格当“密度冠军”的是黑洞,直径10千米的小黑洞,质量就可达太阳质量的5倍以上,而体积和太阳差不多的黑洞,质量可达太阳的十几亿倍。恒星的大小和质量与它们所处的演化阶段有关系。体积最大的是诞生不久的原始星和走向死亡的老年星,质量最大、体积最小的是死亡星。

1718年英国天文学家哈雷把他在大西洋南部圣赫勒拿岛测定的天狼星、毕宿五、大角和参宿四等几颗较亮恒星的位置和公元前2世纪托勒密所测定的相比时,发现它们的位置有了变化,而这种变化不能用岁差、章动现象来解释。

哈雷发现的这种现象叫做自行,它是一年中恒星在空间所走过的距离在天球上的投影。这说明在天上相对静止的恒星实际上是在运动中的,只不过恒星离我们太远,在短时间里无法察觉。现代天文台有专门测量恒星自行的仪器,已测量到几十万颗恒星的自行。离我们近的恒星自行大,离我们远的自行小。肉眼看得见的恒星自行的平均值只有0.1″,所以星座的形状在几千年里几乎看不出有什么显著的变化。

除自行外,恒星还有一种向我们走近或离开我们的运动,叫做视线运动。通过拍摄恒星的光谱,测量恒星光谱的谱线位移就可以算出恒星的视线速度。如果测定了恒星的距离、自行和视线速度就可以算出它们在空间对于太阳而言的运动速度，也就是空间速度。研究结果表明，质量越小的恒星空间速度越大。我们的太阳正率领着太阳系以每秒 19.7 千米的速度向武仙座一点前进，这一点叫做太阳向点。

把太阳的运动速度从恒星的空间速度里扣除掉，就得出恒星的真正的运动情况，叫做本动。恒星的本动很有规律，沿银道平面运动的恒星多，垂直于银道平面运动的少，就好比沿马路走的行人多，横穿马路的行人少。

自转也是天体的一种普遍现象。不同类型的恒星有不同的自转速度。一般来说，黄颜色的星转得比较慢，蓝色或白色的星自转较快。脉冲星是高速自转的中子星，自转周期一般为几秒到几十毫秒。蟹状星云中心的脉冲星自转周期只有0.033 1秒，也就是说每秒钟能转 30 圈。如此疯狂的自转，只有像中子星这样的密度极高和体积极小的致密星才能承受，换上普通恒星早就粉身碎骨了。

怎样寻找行星

除了满天恒星，细心的人们会发现有几颗星星在一段时间里从一个星座溜达到另一个星座，它们不会眨眼睛，呈不同的颜色，在不同的时候亮度会有变化，看上去就像是天空中的流浪者，时隐时现，时进时退，这就是行星。最早，人们凭肉眼只能看到五颗行星——水星、金星、火星、木星和土星。后来人们知道，我们居住的地球也是一颗行星。望远镜发明后，人们又相继发现了天王星、海王星、冥王星，太阳系的疆域从14多亿千米扩大到59亿千米。随着天文观测上新发现和理论的深入，人们对游走在太阳系边缘的冥王星到底是不是行星有了越来越多的质疑，国际天文学联合会2006年8月24日通过太阳系行星定义的决议，将冥王星降级为矮行星。到目前为止，我们知道太阳系有八颗行星，以距离太阳由近及远的顺序排列，它们是水星、金星、地球、火星、木星、土星、天王星、海王星。

在偌大的星空中如何将寥寥无几的行星找出来看似很难，其实不然。行星都出现在黄道附近的星空背景上，在夜空中搜索行星应将视线集中在黄道附近的天区。如果看见亮星，而又和黄道星座里的恒星对不上号，那就有可能是行星了。在《天文爱好者》和《天文普及年历》中，都有专文介绍水星、金星、火星、木星、土星、天王星、海王星及太阳、月亮的每月动态，另外，还有月亮的朔、望、上弦、下弦、过近地点和远地点的时刻，月掩亮星以及行星合日、冲日、合月、合行星等；在每月天象图中分别绘出各大行星在每月15日的视位置和太阳的相对视位置，从中可以形象地看出各大行星和太阳在星空中彼此间的相对位置，从而判定行星的可见条件。

水星和金星是离太阳最近的行星，位于地球轨道以里，称为内行

太阳系八大行星

星。内行星的特点是绕日公转比地球快，当行星和太阳的黄经相等时，称为行星的合日，简称“合”。行星在太阳前面称为“下合”，在太阳后面称为“上合”。合时，行星与太阳同升同落，所以我们看不见它。内行星在上合后，于黄昏时出现在西方天空，是为昏星；而下合后，于凌晨出现在东方天空，是为晨星。当行星与太阳角距离达到最大值时，称为“大距”，在太阳西面称为“西大距”，在太阳东面是“东大距”。内行星连续两次上合或下合的间隔时间叫做会合周期。在一个会合周期中，内行星视运动可以简单地归结为：上合（看不见）——东大距（昏星）——下合（看不见）——西大距（晨星）——上合（看不见）。

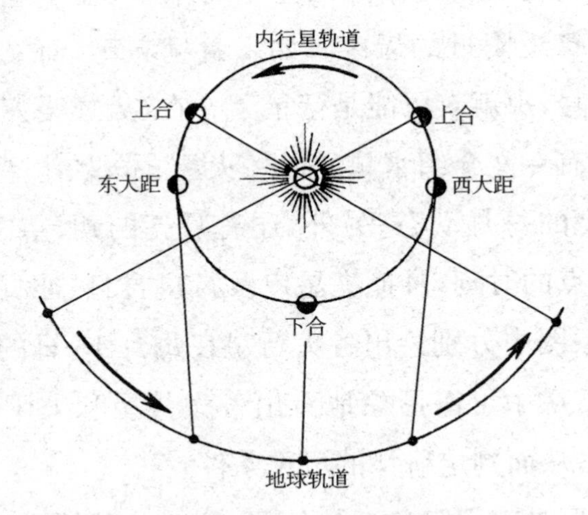

内行星在一个会合周期里的位相

水星的会合周期是115.88天，金星的会合周期是583.92天。下合时，当水星（金星）处在太阳和地球之间时，人们可以看到水星（金星）在太阳圆面上作为一个小黑点缓缓移动。这种现象叫“凌日”。凌日的道理和日食类似，只不过遮挡太阳的是水星（金星）而不是月球。水星凌日平均每世纪发生13次，大体上是9次发生在11月，4

次发生在5月。观测水星凌日可以确定水星位置和改正水星的轨道要素，从而提高水星预报位置的精度。金星轨道与黄道之间的交角约3.4°，有两个共同的交点，分别称为升交点和降交点。只有当金星和太阳同时都靠近同一个交点时，才会发生金星凌日，而不是每次金星下合日时都会发生这种现象。太阳在每年的6月7日和12月9日前后几天内分别通过两交点各一次，金星凌日也就只能发生在这两个日期的前后，这种有可能发生金星凌日的时限被称为金星凌日限。由于金星的凌日限很小，金星凌日的次数比水星凌日的次数要少得多。20世纪中金星凌日一次也没有发生过。2004年6月8日发生过一次金星凌日，最近一次是在2012年6月6日。通过金星凌日的观测可以测定太阳的视差，也就是测定地球和太阳之间的距离。根据英国天文学家哈雷的提议，科学家曾利用1761年及1769年这两次金星凌日的机会，在地球上几个地方同时测定金星穿过日面所用的时间，计算出太阳的视差为8.8″，直到1967年国际天文界一直采用这个数值。1761年金星凌日时，俄国天文学家罗蒙诺索夫见到金星进入和离开日面时日面的圆边都会抖动一下，他认为这是太阳光线受到金星大气折射的结果。这是人类第一次发现除了地球之外，别的行星也有大气。

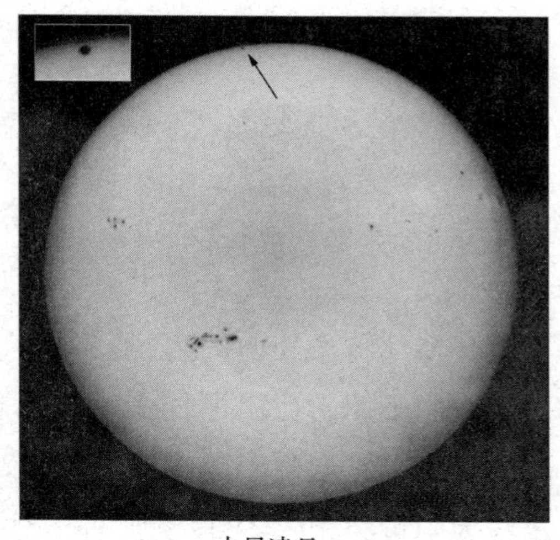
水星凌日

内行星也像月球一样会有位相变化，只是它们离地球较远，不太容易观测到。

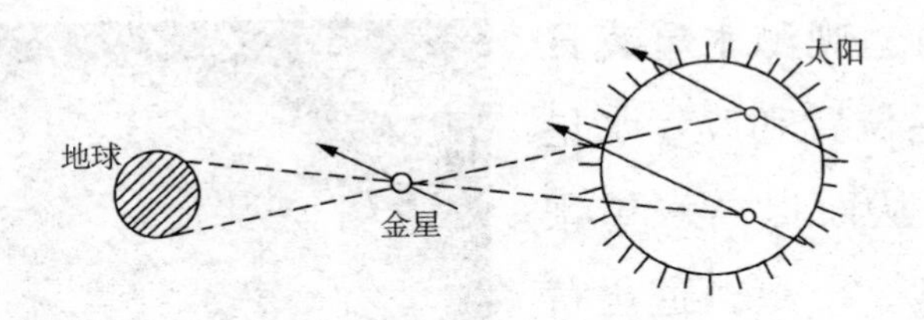

利用金星凌日测定太阳视差

在地球轨道外面的火星、木星、土星、天王星和海王星称为外行星。它们不像内行星那样受早晚出现的限制，可以出现在夜间任何时候。由于它们位于地球轨道外面，所以只有上合，而没有下合。行星与太阳黄经相差180°时为“冲”，此时太阳西落时行星东升，所以整夜可见，当行星过近日点时发生冲时称为“大冲”。行星在大冲时离地球最近，有利于观测。当行星与太阳的黄经相差90°时，称为“方照”，行星在太阳之东为“东方照”，在太阳之西为“西方照”。东方照期间，日落时，外行星出现在南方天空，一直到半夜才没入西方地平线；西方照期间，外行星在子夜时才从东方地平线上升起，当其升到南方中天时，已是黎明时分。

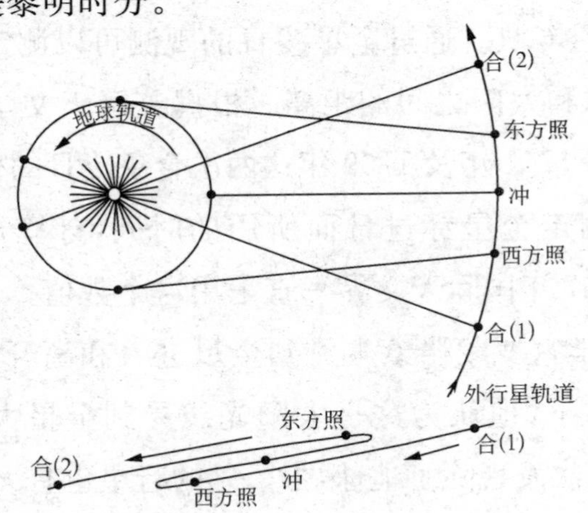

外行星在一个会合周期里的位相

图的下部为外行星在星座间相应的移动情况。

外行星连续两次合或冲的时间间隔叫做会合周期。火星的会合周期是779.94天，木星的会合周期是398.88天，土星的会合周期是378.09天。在一个会合周期中，外行星视运动可以简单地归结为：合（看不见）——西方照（下半夜可见）——冲（整夜可见）——东方照（上半夜可见）——合（看不见）。

大行星均以接近圆形的轨道沿逆时针方向，各行其道地围绕太阳系的公共重心运行。行星中质量较大的木星、土星、天王星和海王星属于类木行星，都有由行星际固态物质组成的盘状环系，环系沿逆时针方向绕行星运行。类木行星都有少则十几颗，多则几十颗的卫星。大多数卫星也以近圆轨道，沿逆时针方向绕行星运行。与此同时，大多数大行星及其卫星，也包括太阳，都以逆时针方向自转，这是太阳系天体的一条普遍规律。

怎样寻找北极星

在北方晴朗的夜晚，无论您走到哪里，北极星都会给您指出正确的方向。因为不论春夏秋冬，北极星整夜不动地挂在北天极附近，当您面对北极星时，您的前方就一定是北方，您的右面是东方，左面是西方，背后是南方。然而，北极星并不太亮，不熟悉星象的人一时半会儿可能还找不着，下面我们就教您两种寻找北极星的方法。

最容易的办法是利用北斗七星。北斗七星属于大熊星座，由6颗二等星——α，β，γ，ε，ζ和η（中文名天枢、天璇、天玑、玉衡、开阳和摇光)和一颗三等星——δ(中文名天权)组成一个勺形,因像古代称粮食的斗而得名。天枢、天璇、天玑和天权为斗身,又名斗魁;玉衡、开阳和摇光为斗柄。从天璇向天枢作连线,并延长到两星距离的五倍处,有一颗二等星,这就是我们要找的北极星。天璇和天枢因此被称为指极星。

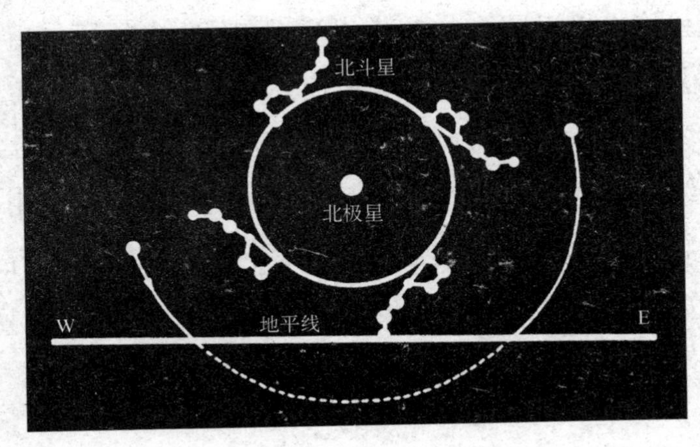

北斗星和北极星

北斗星以北极星为中心做周日视运动,24 小时逆时针旋转 1 周。

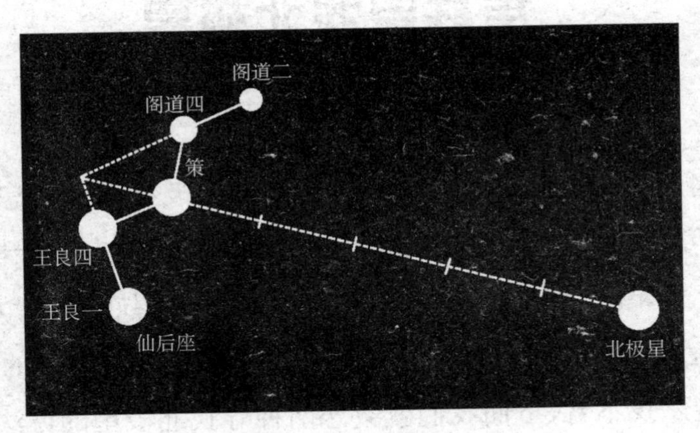

通过仙后座寻找北极星

9月中旬，静寂清明的秋夜悄悄来临，北斗七星横在地平线上，这时再用它找北极星就不太合适了。不过，大致与北斗七星遥相对应的仙后座可以接替它，行使指极星的职责。在仙王座和仙女座之间，有五颗亮星 β，α，γ，δ 和 ε（中文名王良一、王良四、策、阁道四和阁道二）组成一个 W 形，这就是仙后座。由于非常接近北极，因此，仙后座几乎全年可见，但最好的观测时间是秋季黄昏之后，这时它正高悬在北天。当北斗七星转到北极星下方不太显眼的地方时，仙后座在北极星之上十分显赫。王良一与王良四、阁道二与阁道四边线延长线的交点到策星的距离再延长五倍便可找到北极星。

为什么星空会随季节变化

如果您一年中经常在夜晚8点钟左右观察天空，会发现四季的星空竟是如此不同。

立春之后，北斗七星高悬于头顶上空，斗柄指向东方。由指极星方向延伸，大约为这两颗星距离的七倍远的地方就是赫赫有名的狮子座。

立夏之后，北斗七星悬于西北方天空，斗柄指示着南方；银河也出现在天空，给美丽的夏夜星空增光添彩。此时，狮子座已没入地平线看不见了，出现在南方天空的是一只抬头翘尾的天蝎。

立秋之后，天高云淡，星象也显得格外明亮，但北斗七星却似乎不愿与星辰争奇斗艳，悄悄地躺在西方地平线上，斗柄指示着西方。

这时最引人注目的莫过于飞马座。

立冬之后，向北方天空望去，北斗七星已经转到离地平线不高的东方，斗柄指向北方。明亮的银河不知什么时候掉转了方向，从东南斜向西北。此时高悬于东南天空的是蔚为壮观的猎户座。到了来年春天，狮子座重又雄踞南天。

下面我们就说说为什么会出现这种情况。

我们知道地球自转的同时又在公转。太阳日（太阳连续两次上中天的时间间隔）比恒星日（恒星连续两次上中天的时间间隔）长 4 分钟。因此，恒星出没的太阳时刻每天提早 4 分钟，致使恒星出没和过中天的太阳时刻逐日不同。恒星每天提早 4 分钟，半个月就是 1 小时，一个月就是两小时，一个季度就是 6 小时，在天球面上恰好是一个象限，即 90°。因此，春夏秋冬四季，在相同的太阳时刻，星象不同，前后两季相差一个象限的天球球面。

如果观察时刻不是限定在晚上 8 点钟前后，而是从黄昏到次日黎明连续观察，那么，四季不同的星象会依次地出现在我们面前，只是随季节的变化，东升西落的顺序不同而已。您在一夜之间可以尽情观赏到当地可见的全天恒星。

地球的自转均匀吗

人们一直认为地球的自转既均匀又稳定，简直是大自然赐予我们的一架理想的天然钟。直到 20 世纪 30 年代，由于原子钟的出现，人们才发现地球的自转速度是不均匀的，越转越慢。只是这种变化幅度极其微小，在日常生活中我们毫无察觉。

现在知道，日长有长期减慢、季节性周期变化和不规则变化。地球自转的长期减慢，使得日长在一个世纪内大约要增长千分之一秒到千分之二秒，因此，一天的时间在变长。日长变化这么小的量级是难以直接检验的，但是，它的长期累积效应却是可以测量到的。古生物学家研究古珊瑚在生长过程中每天分泌的碳酸钙在其躯体上留下了一条条有如树木年轮的日纹，发现在 37 000 万年以前，每年 400 天，6 500 万年前每年约 376 天。而我们知道至今人们还未发现年的长度有什么变化，因此，现在一年的天数比过去少了，只能说明现在的天比过去长了，或者说现在地球自转比过去慢了。

一般认为造成地球长期自转变慢的原因是潮汐摩擦。潮汐是在月球和太阳的引力作用下（主要是月球），海水有规律的涨落运动，早晨升起的海潮叫“潮”，黄昏升起的海潮叫“汐”，合起来称为“潮汐”。由于海水的高潮总是随着月球自东向西移动，迎着地球自转方向，因而对地球自转起摩擦阻碍作用，使地球自转越转越慢。此外，一些天文学

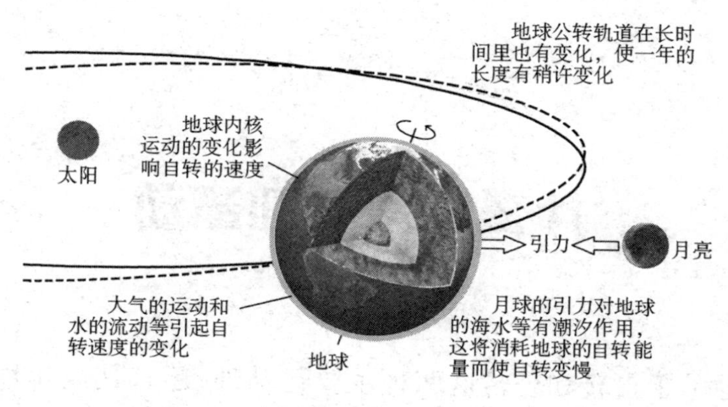

影响地球自转的诸多因素

家还提出了一些其他因素，比如，地球半径的胀缩，海平面的变化，地球内部放射性元素的加热作用所引起的物质分布的变化，地球板块运动的影响等。所有这些问题的研究，至今还没有明确的结论。

20世纪初，法国的一位天文学家根据1934—1937年巴黎、华盛顿、柏林三个天文台的天文摆钟和石英钟的运行情况，发现了地球在春天转得慢一些，而在秋天转得快一些。后来用石英钟和原子钟守时，证实了地球自转的这种季节性变化，而且天文学家已经总结出了地球一年中自转变化的近似规律。至于变化的原因，推测是由于地球表面大气压力的变化，南极洲冰雪的季节性变化等。比如，冬季风的平均速度比夏季风速度快。而在有风的季节，当风与地球表面摩擦时，会稍微加速或阻碍地球自转。又如严寒的冬季，海洋中几百万吨的水以冰雪的形式储存在极区和温带。在这个过程中，水被提升到几百甚至几千米的高处。大量冰雪的转移，也会影响地球的自转，这就像一位花样滑冰运动员伸展手臂减慢旋转速度一样。

另外，根据月球运动的变化，人们发现地球的自转还有突然的不规则的变化，有时转得快些，有时转得慢些，这些变化的原因尚在研究当中，可能与太阳以及周围天体的运动变化有关。

什么是岁差和章动

地球除了自转和公转这两种主要运动外，还有其他几种运动，尽管这些运动很微小很缓慢，但它们的长期效应所造成的影响却是不容忽视的。目前所知，岁差和章动是这些运动中最为重要的。在天体测量学中，如果不知道岁差和章动，就不能编制精确的星表，而没有精确的星表，天文学家就无法进行天文观测和研究。

公元前2世纪，被称为“天文学之父”的古希腊天文学家伊巴谷从观测中发现，春分点在恒星间沿着黄道缓慢地向西移动。因此，太阳每年通过春分点的时刻就比太阳回到恒星间同一地方的时刻要早，也就是说回归年比恒星年短，每年约短20分25秒，这就是所谓的岁差。

之所以会出现岁差现象，其一是因为地球是一个旋转椭球体，赤道直径大于两极直径，其二是赤道面与黄道面有一个23°26′的交角。由于日、月引力造成赤道面的变化所引起的春分点移动叫“日月岁差”，由于行星引力造成黄道面的变化所引起的春分点移动叫“行星岁差”。日月岁差前面我们已经做了介绍，这里只说说行星岁差。太阳系大行星的轨道不在一个平面上，对地球影响最大的木星的轨道与黄道交角是1°18′。由于行星对地球的摄动，造成了地球轨道在空间产生微小的位置变化，使得春分点在黄道上每年移动0.12″，移动的方向与日月岁差相反。

一般所说的岁差是指日月岁差和行星岁差之和，但说岁差常数时则单指日月岁差造成的春分点在黄道上每年的移动量，即50.37″。一般星表上给出的天体位置都要注明历元，比如α2 000.0，δ2 000.0，表示这个赤经、赤纬的数值是2000年时的位置，如果计算其他时间的位置要经过岁差的改正。经过岁差改正

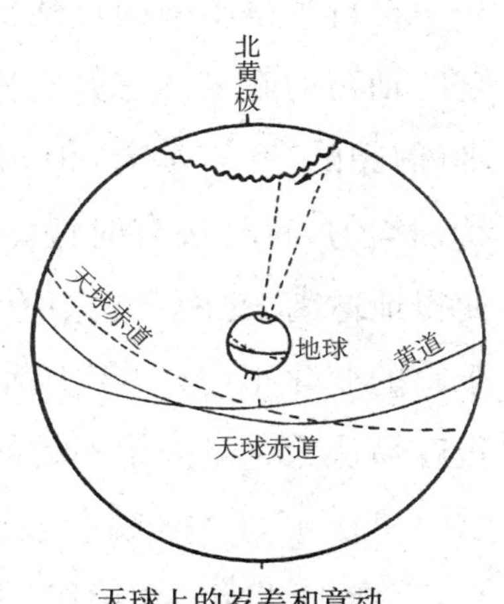

天球上的岁差和章动

后的天体位置叫平位置。

章动的原意是点头运动的意思。最早发现章动的是英国天文学家布拉德雷。1727 年他在观测恒星周年视差时,发现所有的恒星位置都以 18.6 年为周期摆动。摆动的幅度最大只有十几角秒。经过认真分析后,他认为是月球对地球赤道隆起部分的引力导致地球自转轴摆动的,并称其为"章动"。章动也同样引起天体的赤经、赤纬发生变化,经过章动改正后的天体位置叫做真位置。布拉德雷经过长达 20 年的观测研究,证明章动椭圆的周期确实是 18.6 年,并定出了章动常数为 10″。近代的理论分析表明,章动是由许多运动周期合成的,但由于测量精度不高,这些理论分析还有待进一步证实。

什么是极移

自行车是咱中国百姓出行的重要工具,一蹬起来,它的轮子便绕它的轴转动起来。您知道吗,地球也是这样不断地绕地球里的一根轴(假想的)在转动着,但它转动得不是很好。一方面它的转速不是特别均匀,有时快有时慢。另一方面就是那根轴会晃动,摆来摆去,使得地球南、北两个极点在地球表面上的位置不断产生移动。但由于它的变化很小,一年中活动的范围不会超过一个篮球场大小,因此很容易认为它是固定不动的。地极的这种运动称为极移。

早在 1765 年,就有人预言了极移的存在,但由于极移的幅度太小,直到 19 世纪 40 年代,俄国的普尔科沃天文台才首次通过恒星位

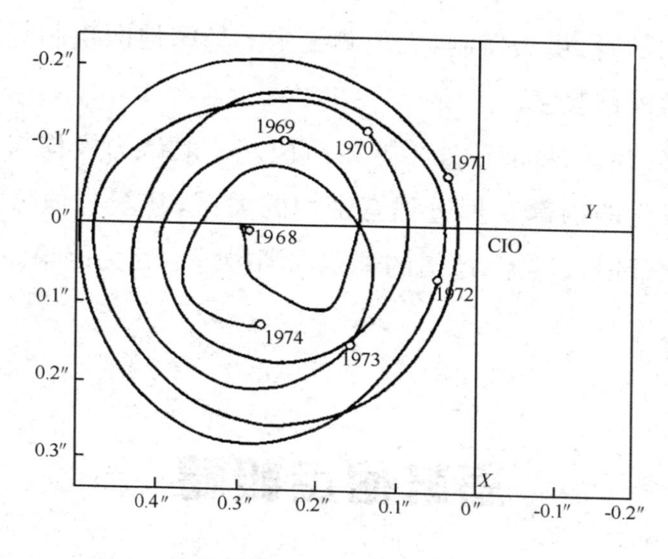

极移轨迹(1968—1974 年)

图中采用的是地极坐标,*X* 轴的正向为格林尼治子午线方向,*Y* 轴的正向为格林尼治以西 90°的子午线方向。

置的观测,注意到该台的地理纬度在变,当时他们还以为是大气折射捣的鬼。1888 年,一位德国天文学家深入研究柏林天文台的地理纬度变化与普尔科沃天文台纬度变化差异后,第一次意识到是极移造成了这种全球性的纬度变化,并且正确地阐述了这种变化的特征:经度相同的两地纬度变化应该大小相同,符号也相同;经度相差 180°的两地纬度变化应该大小相等,符号相反。此后,国际上专门组织了极移研究机构,在北纬 39.08°纬度圈上建立了五个国际纬度站,并以 1900—1905 年的平均纬度所确定平极作为国际习用原点(CIO),进行联合观测。

根据现有的观测事实和研究结果,南、北极点只在一个 24 米×24 米的小范围内逆时针循一个近于圆形的螺旋线移动。尽管极移造成的纬度变化最大也不过十几米,但它会给时间的计量工作带来麻烦。

天文学中的测时、星表编制，大地测量中的精密地图绘制等都需要对观测资料做极移改正。

对极移的起因目前还处于探索阶段。一般认为极移与地球的内部结构和发生的内部物理过程有密切的关系，甚至与地球表面物质运动，如大气环流、洋流、冰雪的聚积和消融等也互为因果。

怎样确定极移

极移和纬度是紧密相关的。地球的南北极是决定地理坐标的重要依据，距离南北极 90°的地方是赤道，也就是说赤道是地球纬度的起点。但是，赤道并不是固定不变的，会随着极移而发生变化，要测定某个地点的纬度，就得量出赤道到这个地点的距离。实际操作时是用观测恒星的方法来定出一个地点的纬度和纬度变化的，因为恒星在天球上的准确位置是可以计算出来的，当科学工作者观测这些恒星的位置之后，就能够计算出观测站的纬度。在同一个地点不断地进行观测，可以得到连续的纬度值，从而发现纬度的变化，并从纬度的变化，推算出极移。

19 世纪末发现极移后，国际大地测量协会决定在全球 39°08′的纬度圈上建立五个国际纬度站(分别位于中国、日本、前苏联、意大利和美国)，用同样的仪器观测同样的恒星，测定出各站的纬度值，推算极移。我国是占有这一纬度圈最长的国家，东起大连，西到新疆的喀什，长达五六千千米。位于北纬 39°08′02″的天津，是这一纬度圈上全

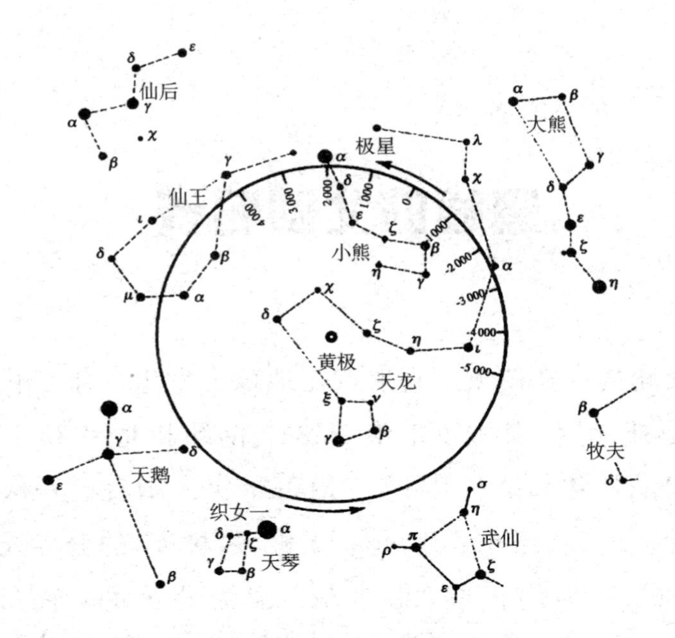

北天极对于恒星不是固定的

球最大的城市，而且晴夜较多，气候和地质条件也不错，很适合进行纬度观测。1957年中国科学院北京天文台建立了天津纬度站。选择在天津建站还有另外一个重要的理由，那就是有利于长期极移的研究。长期极移指的是地球两极除了迂回绕圈的周期运动外，还存在某一个方向的长期运动。这是国际学术界认为意义重大但众说纷纭的一个问题。一些科学家提出，北极长期移动的趋向是西经60°～70°之间，幅度每年0.003″。为了验证这一说法，需要在这个方向或经度相差180°的方向建立一个观测站，而天津所在的位置为东经117°，显然是非常有利的。

极移和纬度变化是天文研究的一个重要领域，和地球物理学的关系也很密切。天文学家通过全球性的纬度变化观测，揭示了很多有关极移的奥秘。精确测定极移对大地测量、时间工作、航海、航天和地球物理研究等都有着重要意义。

漂移的北回归线

黄赤交角的存在使太阳直射点在地球上发生周年变化，从而导致地球上形成赤道、南纬和北纬 66°34′、南纬和北纬 23°26′五条具有天文意义的特殊纬线。其中，赤道每半年太阳直射一次，一年到头昼夜平分。南、北纬 66°34′，是有无极昼（极夜）的分界线，称为极圈。南纬 66°34′为南极圈，北纬 66°34′为北极圈。南纬和北纬 23°26′是太阳所能到达的两个极限位置，直射点在这两条纬线之间来回移动，这两条纬线称为回归线。南纬 23°26′为南回归线，北纬 23°26′为北回归线。夏至日太阳到达北回归线后即转向南去，冬至日太阳到达南回归线后即转向北去。因此，回归线被人们喻为太阳转身的地方。

人们根据这五条特殊纬线把地球划分成五个天文气候带：北极圈以北为北寒带，北极圈与北回归线之间为北温带，北回归线与南回归线之间为热带，南回归线与南极圈之间为南温带，南极圈以南为南寒带。

北回归线是太阳直射地球表面最北界限，也是天文热带与北温带的分界线，在北回归线上，每年夏至，如果天气晴朗，正午都会看到“太阳当头照，立竿不见影”的景象。

赤道、南北回归线和南北极圈这五条特殊纬线（圈）穿越不少国家，在其经过的地方所建的地理标志往往成为热门的旅游点。譬如

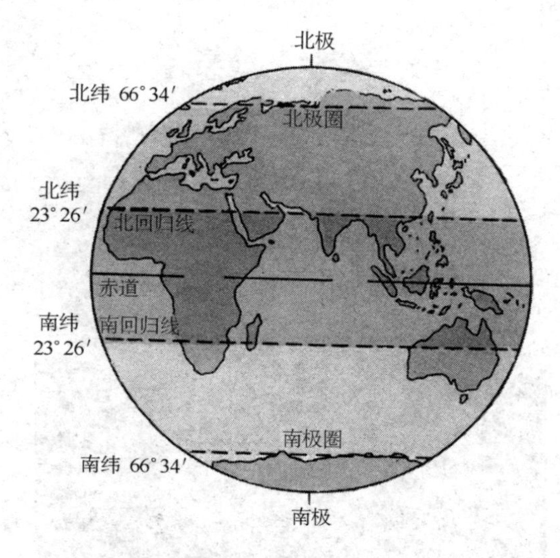

地球上的五条特殊纬线

南美洲厄瓜多尔首都基多附近的赤道纪念碑吸引了大批游客，到此一游的人们都会留下一幅脚踏两半球的照片。在芬兰北部拉普兰地区首府罗瓦涅米，人们在北极圈上也竖起一座标志，每当夏至前后白夜降临，这里都会游客如织，堪称一大景观。北回归线穿越亚洲、北美洲和非洲 16 个国家。由于低纬度大气环流自身的某些特点，北回归线穿越的绝大多数地区是沙漠和海洋，只有在大陆东段有因得益于来自海洋的东北信风而形成的绿洲。南回归线穿越的南部非洲、南美洲和大洋洲的澳大利亚，这些地区的情况大致与北回归线穿越的地区相同。我国境内的北回归线所经过的云南、广西、广东和台湾四省区均处于绿洲之中，有山、有水、有城镇，因此，我国是唯一建有北回归线标志的国家，先后建成 15 座，目前保存下来的有 9 座，分别位于云南墨江、西畴，广西桂平，广东汕头、从化、封开，台湾嘉义、花莲瑞穗和花莲丰滨。这些北回归线标志规模宏大，形式多样，造型别致，各具特色，错落有致地分布在从云南墨江到台湾花莲的 2 000 多

云南墨江北回归线标志园双子广场

地上的红线表示北回归线。

千米的北回归线上，成为一道亮丽的风景线。

许多人认为，北回归线是定于一线的，千百万年都不会动，其实不然。北回归线的位置并不是固定不变的。由于太阳、月球和行星对地球的摄动，黄赤交角会产生变化。当黄赤交角变小时，北回归线南移，南回归线北移；反之，当黄赤交角变大时，北回归线北移，南回归线南移。北回归线南北来往的周期约 4.1 万年，其变化幅度在 22°02′ 到 24°30′之间。目前黄赤交角在逐年减小，大约每年变小 0.47″。地球表面纬度相差 1″大约是 30 米，0.47″等于 14.1 米，即南北回归线每年向赤道方向漂移 14.1 米。如考虑章动对黄赤交角的影响，有的年份比此值还要大一些。大约再过 1.5 万年，黄赤交角将由减小变为增大。届时，北回归线向南漂移的运动就会停止，变为向北漂移。

时纬残差异常与地震预测

天文台的一项重要工作就是在每个晴夜进行时间和纬度测量。通过测量几十颗、上百颗恒星的位置，求出准确的时刻和纬度，并把测量结果报送给设在巴黎的国际时间局，国际时间局对全部观测资料进行综合评定后，得出世界公认的准确时间。

任何一个天文台（站）测得的时刻和纬度都与国际时间局公布的结果有微小的差别，这种差别叫时纬残差。一般认为，时纬残差主要是大气对星光的扰动影响观测所造成的。

地球是一颗地质活动十分活跃的星球，地震是由积聚在岩石圈内部的能量突然释放而引起的。据统计，全世界每年大约发生几百万次地震，人们有所感觉的仅占1%，7级以上的灾害性地震每年多则二十几次，少则三五次。1976年7月28日，我国唐山发生了举世震惊的大地震。事后，北京天文台的科学家发现在唐山大地震之前的几个月，时纬残差有异常变化，不是突然变大，就是突然变小，而在地震发生前，又恢复到正常值。考虑到此次地震震中距观测地点北京天文台沙河站仅160千米，推测这种异常波动可能与地震有关。他们找出1966年3月邢台地震前的时纬残差资料，发现也有类似的情况。为了验证此现象的可比性，他们进一步收集了全球十几所天文台附近发生过地震的时纬残差资料，对数十万个数据进行统一处理。结果发现，凡在天文台附近发生过6级以上地震的时纬残差资料，震前均出现异常的变化。在北京天文台科学家的建议下，云南天文台依据天文时纬残差方法，向云南地震局提出过6次地震预测建议，结果屡试不爽。时纬残差异常为什么与地震有关系呢？

原来时纬残差变化反映了天文台（站）所在地的地块有移动，所以他们测量的恒星仿佛在天空中改变了位置。唐山地震前，北京天文台和天津纬度站观测的结果说明东北地块正向东北方向移动。正是这种移动，导致了地震的发生。

一架时纬观测仪器震前有完整的观测资料，大约可反映出观测点附近100千米内6级以上或300千米以内7级以上强震。受大气扰动噪声的限制，小级别的地震一般反映不出来。

我国是一个多地震的国家，大地震、灾害性地震频繁发生，近三千年的历史资料中，共记载了几千次地震。远的不说，1976年的唐山地震和2008年的汶川地震使我们痛失几十万同胞。人类无法抗拒地震的发生，能做到的是如何设法减轻地震造成的灾害，一个重要的措施是提高预测预报的水平。现代科学早已将气象卫星送上太空，大范围地探测大气层的变化，弥补地面观测的不足，为天气预报的改进起到了决定性作用，可是探测地下物质的活动却很艰难，尤其是探测地震孕育过程，因此地震预报成为世界性的科学难题。时纬残差异常出现的时间先于地震，且与地震发生的时间和范围有着相对明确的关系，这个特点使它有可能用于地震短期预测。

目前的研究表明，影响地震过程的因素很多，几乎涉及每个自然科学学科。我国天文学界近年来一直在开展天文因素与地球环境变化及自然灾害关系的研究，并得到国家自然科学基金的支持。

怎样给地球计时

今天，人们公认的地球年龄是46亿年。但在二三百年前，世界上几乎没有人相信地球非常古老。那时科学体系还没有构建，《圣经》主宰着人们的思想和生活。探寻《圣经》时间确切日期的编年史研究，算是文艺复兴以前最严谨的一门“科学”了。宇宙或地球被认为只有6 000年的历史，不但基督教所有的教派、神职人员与信徒这么认为，而且当时的绝大部分科学家也都认同。牛顿在1727年去世之前对《圣经》谱系所做的研究，也证实了《圣经》学者的看法。

英国地质学家威廉·巴克兰在牛津大学讲演，捍卫创世说

1745年，法国博物学家布丰提出，地球可能是一颗巨大的彗星同太阳相撞产生的。他大胆推测地球经历了七个发展阶段，可能已存

在了 75 000 年之久，而地球上的生命可能在 40 000 年前就开始出现了。这是第一次超越“创世纪”6 000年年限的一个石破天惊的大胆预见。然而，他历时半个世纪写成的鸿篇巨制《自然史》却被巴黎大学神学院认为是离经叛道，勒令收回。

没有任何东西能够阻挡历史的车轮和人类思想的进步。1788 年，英国地质学家赫顿发表的文章明确主张，地球的年龄比 6000 年要久远得多，地壳的形成有一个缓慢的演变过程。赫顿的观点同样遭到了宗教及保守人士的抨击和抵制，但地质渐变的思想一天天深入人心，人们逐渐学会用科学方法推算地球的年龄。最初，人们想到海水是咸的，其中大部分盐分是由陆地冲刷到海洋里的。因此，设想用每年全世界河流带入海洋中的盐分总量去除海水现存盐分总量，得出累积盐分所用的时间，计算结果大约是 1 亿年。这个年龄仍然太小了，在海洋形成之前，地球就已出现了。再说，每年河流带入海洋的盐分不尽相同，海水中的盐分还会因风吹日晒回到陆地上。于是，人们又想到了海洋中的沉积岩，估计每 3 000～10 000 年可以形成 1 米

法国博物学家布丰
(1707—1788)

英格兰自然哲学家赫顿
(1726—1797)

厚的沉积岩。用沉积岩的厚度除以平均造岩速率，便得出沉积岩的年龄，但由此得出的年龄仍不是地球的年龄，因为在有沉积岩之前，地球早就形成了。

18 世纪末，人们发现沉积岩中有许多生物化石，它们是生活在地球上的古生物遗体日久天长变成的。19 世纪，达尔文提出进化论之后，人们认识到生物是由低级向高级，由简单到复杂发展起来的。因此，研究这些化石就能知道生物的相对年龄，也就知道了岩石的相对年龄。用不同岩层的生物化石作对比，就可以知道这些岩石形成的先后顺序。科学家将最早有古生物化石的时代称为古生代，以后的称为中生代，最近的称为新生代。古生代以前，地球存在的时间称为太古代和元古代。随着科学家发现了越来越多的化石，这些基本的时代被划分得越来越细，时间间隔也越短。这种鉴定岩石相对年龄的古生物法，至今仍被广泛应用到地质学和古生物学中，但却不能推算出地球的绝对年龄。地球实际年龄是通过放射性钟确定的。

我们知道组成宇宙万物的最基本的东西叫元素，譬如氢、氧、氮、氯等，目前已发现的元素有 107 种。20 世纪初，科学家发现有些元素很特别，它们的原子核能慢慢发射出肉眼看不见的射线而变为另一种元素。这种元素称为放射性元素，其变化称为衰变。一种放射性元素其数量衰变到只有原来的一半所经过的时间，称为半衰期。譬如 1 克铀经过 45 亿年，就有 1/2 克变成铅和氦。由于放射性元素的变化不受温度、湿度、压力等外界的影响，所以它的半衰期从始至终是一致的。因此，放射性元素是地球年龄最好的计时器。取一块含铀的岩石，只要测出其中铀和铅的含量，便可算出岩石的年龄。地壳是由岩石构成的，最古老的岩石的年龄就是地壳的年龄。但在地壳形成以前，地球经历了一段熔融的时期，加上这段时间，才是地球的年龄。

20世纪50年代中期，美国地质化学家克莱尔·派特森等人以铁陨石为主要研究对象，率先开发出复合的“陨石一地球时钟”算出地球的年龄大约为46亿年。后来，科学家还用同样的方法推算出各类陨石和月岩的年龄均为45亿年到46亿年，这说明由同一太阳星云形成的地球、月球和陨石的年龄大致相同，也反过来验证了用放射性元素测定地球年龄的方法是正确的。

科学家利用放射性核素的衰变规律建立了一套行之有效的同位素计时方法，测定各种地质事件和宇宙事件的年龄，为地球和太阳系的演化确定时标。

一般认为，银河系已经存在133亿年了，太阳系是在46亿年前形成的。目前已知地球上最古老的岩石年龄约为39亿年，更早期的地壳年龄为41亿～42亿年。41亿年前分异出原始月壳，39亿年前月表形成了环形山。地球上最早的单细胞原始生命至少在35亿年前就诞生了，20亿年前出现真核生物，7亿年前已有多细胞后生动植物存在。2.5亿年前，板块碰撞形成统一的联合大陆。6 500万年前，统治地球1.5亿年之久的恐龙灭绝。200万年前人类时代开始。如果把地球年龄比作1天的话，那么人类降生到这个世界上只有短短的37秒。

宇宙的年龄有多大

“宇宙”一词是从《尸子》[1]“上下四方曰宇，往古来今曰宙”中得来的。宇表示空间，宙表示时间。宇宙就是空间与时间的总称。宇宙万物在时间的长河中运动、变化和发展着。万事都有个开端，有个诞生的时刻，那么，宇宙又是何时、如何诞生的呢？从爱因斯坦广义相对论可推断出，宇宙必须有个开端，并可能有个终结。但是广义相对论只是一个不完全的理论，它不能告诉我们宇宙是如何开始的。按照目前流行的标准宇宙起源理论——大爆炸宇宙模型，宇宙始于150亿年前一次大爆炸，这场爆炸是由一个极其微小、灼热的火球引爆的。物质急剧地膨胀、冷却，逐渐凝聚成星系、恒星、行星，乃至生命。

对于宇宙创生的问题，长期以来存在着两种针锋相对的观点：一种认为创生是一种唯一和特别的事件；另一种观点则认为，宇宙与生命是连续不断的、平常的、没有特定的起源时刻。

三十多年前，名闻当代的美国天文学家、科普作家卡尔·萨根列出了一个宇宙年表，他把宇宙的150亿年压缩成一年。地球上10亿年相当于这种宇宙年的24天左右。宇宙年的1秒钟相当于475个地球年。大爆炸发生在1月1日。5月1日，银河系形成。9月9日，太阳系诞生。9月14日，地球诞生。9月25日，地球上出现了生命。

---

[1] 尸佼（约前390年—约前330年），战国时法家，相传为商鞅之师。《汉书·艺文志》著录《尸子》二十篇，已佚；还有一些其他辑本。

在圣诞节(12月25日)的前夜,恐龙出现了。过了3天,12月28日,出现了开花的植物。12月31日夜晚10点半,开始有了男人和女人。所有人类有记载的历史都排在12月31日的最后10秒钟。从中世纪(约395—1500年)的衰落到现在仅是1秒多的时间。

宇宙的演化并不停留在目前的状况,科学家认为在遥远的将来,宇宙面临着两种命运,一种是永远膨胀下去,另一种是膨胀到一定限度再往回收缩,最后聚成一个高密度的小球,接着,砰的一声,重蹈大爆炸的覆辙,产生出新的宇宙。宇宙的结局取决于宇宙中所有种类的物质的平均密度的实际大小,但由于到现在为止,宇宙的范围到底有多大、宇宙中物质总量有多少,人们还没有搞清楚,所以对密度的测定比较困难。

以英国物理学家霍金为代表的一派科学家认为,我们的宇宙所含的物质总量不太大,密度也比较小,所产生的引力无法使宇宙膨胀停止,所以宇宙还在膨胀。

霍金(1942—)

但不是所有的科学家都赞成大爆炸宇宙学,俄罗斯天文学家林德就提出过不同的意见,他认为宇宙从来就存在,并不起源于一次大爆炸。宇宙在存在过程中发生过无数次的大爆炸,每次大爆炸之后,宇宙都是不断膨胀,这个过程将永远进行下去。

我们来自何方?这个问题可能是人类提出的最深奥的问题。曾经测定过宇宙年龄的美国天文学家阿伦·桑德奇说过:“要知道,我们能对它有所了解,本身就是奇迹……天文学是一门无法完成的科学。”

什么是月相

月亮本身不发光,是靠反射太阳光才亮的。我们知道月亮是地球的卫星,它不仅绕地球运转,还和地球一道绕太阳运转。由于太阳、地球和月亮的位置不断变化,月亮被照亮的部分每每不同,因而我们看到的月亮也就每每不同。

每逢农历初一的时候,月亮运行到地球和太阳之间,日月相合。月亮被太阳照亮的一面正好背对着地球,这时我们看不见月亮,这叫做“朔”。而后,月亮一天天远离太阳方向,向东移动,被照亮的一面逐渐转向地球,农历初三四,太阳下山不久我们就可以看到一弯娥眉月斜挂在西边天空。它和太阳的角距离很小,太阳落山不久,它也跟着落下。此后,日、月的角距离逐渐增大,月亮一天天变“胖”,到了农历初七八时,可以看到月弓向西的半个明月,称为上弦。到了农历十五或十六时,地球走到了月亮和太阳之间,太阳落山,月亮刚好从东方升起,这通常叫做“望”,意思是日月相望。此时,月亮把它整个明亮的一面对着地球,我们看到的月亮又圆又亮,故也叫“满月”。它傍晚从东方地平线升起,到次日晨曦时西落。此后,月亮又由圆变缺,到农历二十二三,只能见到月弓向东的半个明月,称为下弦,到农历二十六七,已成为一钩残月,出现在黎明前的东南方低空。新月和残月看上去似乎没有什么区别,只是月牙开口方向正好相反。此后,月亮与太阳的角距离越变越小,终于跑到和太阳相同的方向,角距离为0,即又一次日月相合,朔又来临。月亮一圈圈地绕着地球转,它的形状也一遍一遍有规律地变化,由缺到圆,由圆到缺。这就是我们所说的月相变化。

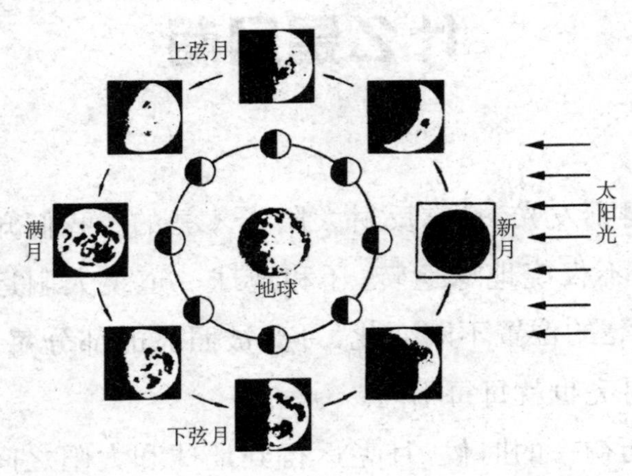

月相成因

不但月球,位于地球轨道以内的水星和金星也有这种变化,只是它们离我们比较远,用肉眼看不出而已。当年地心说的卫道士曾经以此向哥白尼发难,他们说,如果水星、金星在地球轨道之内环绕太阳运行,它们便应表现位相。哥白尼回答说:"人类将发明仪器帮助视力,有一天,你们会看见这些位相的。"果然,17 世纪初,意大利天文学家伽利略用望远镜观测到金星的位相变化,为哥白尼的日心说提供了有力的证据。

地球上只能看到月球的一面吗

我们说“由于月球的自转周期和公转周期是一样的，所以月球总以同一面对着地球”，其实这是一种不严格的、近似的说法。

月球自转的速度是均匀的，而公转的速度不那么均匀。这是因为月球的公转轨道是椭圆形的，近地点平均距离为363 300 千米，远地点平均距离为 405 500 千米。离地球近的时候，月球运行得快；离地球远时运行得慢。这种差异导致月球有时向东面转过去一点，有时向西面转过去一点，像一个还没有完全停稳的天平。天文学上称月球这种来回摆动的现象为天平动。月球不仅在东西方向摆动，在南北方向也会摆动，主要是因为月球自转轴倾斜造成的。由于这种摆动，在一个公转周期中，我们有机会多看到月球南北极附近的月面。譬如，月球运行到白道最北点时我们可以看到南极背面的 6°41′的区域；月球运行到白道最南点时，又可见到北极同样大的区域。东西方向的摆动称为经天平动，南北方向的摆动称为纬天平动。此外，还有周日天平动，指的是在日出时，我们可以多看到一些月球西边缘外的部分；日落时，看到一些月球东边缘外的部分。同理，地球南极的观测者能多看到月球南极的部分区域；对于地球北极的观测者也有类似情况。

由于天平动，我们从地面上看到的月面不止 50％，而是 59％；其中 41％是常见部分，另外 18％则时多时少，要看天平动的具体情况而定。

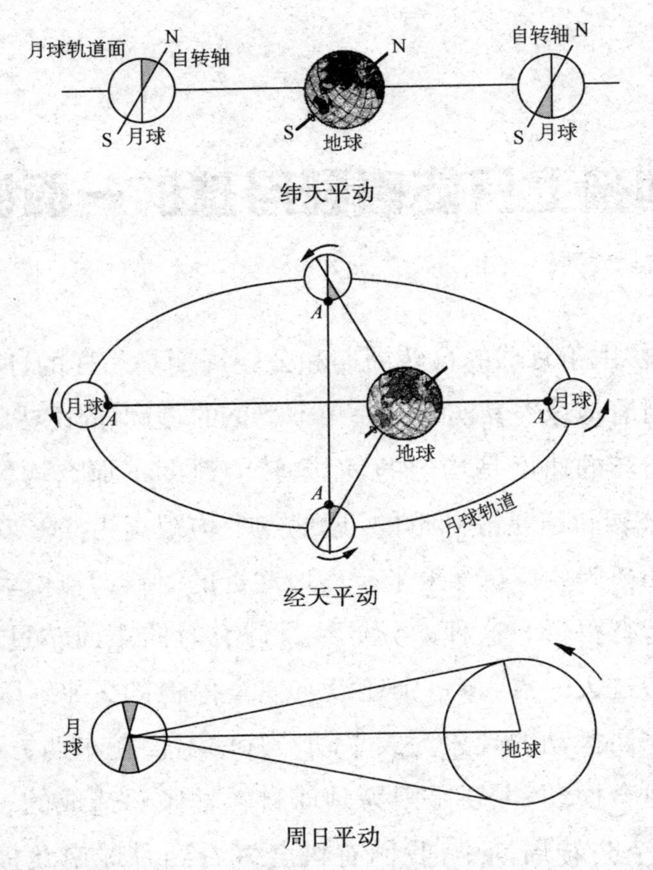

纬天平动

经天平动

周日平动

上述三种天平动称为几何天平动，是由于观测者与月球之间的位置有变化而造成的，不是月球本身的摆动。月球本身的摆动称为物理天平动。物理天平动是由于地球引力的作用，使得月球向着地球的那面有点凸出来，又由于经天平动的存在，使凸出的方向稍有偏斜，地球引力又要把它拉回来，使月球本身在东西方向存在一个真正的摆动。物理天平动很小，只有 2″，除了天文学家，一般人是很难发现的。

为什么大白天也能看见月亮

一般月亮都是出现在夜晚太阳落山之后，可是有时候我们会在大白天看到淡淡的月亮挂在天上。遇到这样的事，您千万不要大惊小怪，因为您只要多留意一下，就会发现这实际上是常有的事。您想知道这是为什么吗？

原来，月球绕地球转，地球又带着月亮一起绕太阳转的时候，月亮和太阳的位置就不断变化。有时候月亮和太阳位于天空中同一方向，或相隔不远，白天太阳在天空中出现的时候，月亮就在它的旁边，但在强烈的阳光照射下，我们无法看到月亮。有时候月亮与太阳相差 180°左右，那么，月亮只能在夜晚的天空中见到。如果遇到月亮与太阳离得不太远也不太近，即上弦或下弦前后的那些日子里，月亮就会在大白天与太阳同时出现在天空中，有时出现在太阳的东面，有时出现在太阳的西面。

上弦（农历初七八，在地球上可看到月球西边的半圆，因月相如弓而得名）前后，月亮在太阳东面。这几天月亮是在太阳升起几个小时之后出现的，当午后太阳偏西时，月亮升得很高，已经清晰可见了。这时月亮在东，太阳在西，同时挂在天空中。因此，在农历初四五到十一二之间，从上午到下午，只要天气晴朗，我们就可以在太阳的东面看到一个朦胧的月亮。

下弦（农历二十二三，在地球上可看到月球东边的半圆，因月相如弓而得名)前后,月亮位于太阳的西面。月亮比太阳早升起几个小时,黎明的时候,太阳还没出来,月亮已经挂在微亮的天空中了。当黎明太阳升起的时候,月亮已经爬得老高了。此后,到月亮从西边落下去之前,月亮和太阳一直“搭伴”在天上,光芒四射的太阳在东,黯然失色的月亮在西。

什么是蓝月亮

“蓝月亮”是个很时髦的词,从搜索网信息,有蓝月亮网站、蓝月亮论坛、蓝月亮聊天室、蓝月亮博客,等等。《凉山的蓝月亮》是彝族歌手阿果的主打歌曲。蓝月亮似乎成了人们梦想的天堂。

月亮

其实,“蓝月亮”这个词已经出现好几百年了,在四百年前的莎士比亚时代,此词的意思是“荒谬”。后来,由荒谬转意为“不可能”。

1959 年 9 月,英国人罗伯特·威尔逊看到了蓝色的月亮,当然见到这一奇观的不止他一人,只是他对这种现象进行了研究。他的结论是当时有个地方发生了森林火灾,月光透过被飘尘污染的大气时变成了蓝色。这个说法很有道理。我们知道,太阳放射出赤、橙、黄、绿、青、蓝、紫七种颜色的可见光。它们常常被地球大气中的粒子散射。在大气条件好的情况下空气比较洁净，悬浮尘埃较少，散射光中蓝色光较多，于是我们看到的是蓝天和白云。当大气污染严重时，空气中充满了尺度较大的悬浮颗粒，此时天空就变成白茫茫的一片。当空气中有沙尘、火山灰或者森林大火的烟尘时，会对红光和绿光的散射非常强烈，而让其他颜色的光透过，这样我们看到的太阳和月亮就偏蓝了。虽然能看到蓝月亮的机会不多，但月亮在某些情况下真的可以是蓝色的，赋予了蓝月亮新的含义。

在西方歌曲中，蓝月亮还象征着孤独、寂寞和哀伤。

到了20世纪40年代，蓝月亮才与天文学联系在一起。1946年美国著名天文杂志《天空与望远镜》上刊登的一篇文章引用1937年美国缅因州农用历书时将蓝月亮解释为“一个月中出现的第二次满月”。80年代后这一说法流行开来。

我们知道两个满月的间隔是29.53天，一年有365.24天，相当于12.37个太阴月，多出来的0.37个太阴月，使得大约每隔1/0.37＝2.7年(33个月)就会出现1年有13个满月的情况(实际上不会那么均匀地出现的)。最近一次出现蓝月亮是在2007年5月31日美国东部时间21时04分。今后10年出现蓝月亮的时间是2012年8月31日、2015年7月31日。2018年会出现两次蓝月亮，分别是1月31日和3月31日。2月份最长不过29天，所以不可能出现蓝月亮。

闰月和蓝月亮的出现次数是一样的，只是起的名字不同，我们叫闰月，西方人叫蓝月亮而已。我国农历采取19年7闰，不仅解决了朔望月的使用与回归年的矛盾，也解决了蓝月亮的问题。

天文年历包括哪些内容

天文年历和日历不同，它是用历表形式反映一些主要天体的位置和运动规律的工具书。古时候，安排农耕渔牧就要确定节令和编制历法，进行商业流通则要为商队和海船测算方位和确定航向，这就需要编制简单的星历表来配合日月星辰的观测，从而形成了天文年历的雏形。1679 年，法国编出了世界上第一本从内容到形式都比较完整的天文年历。过了近一百年，英国和德国也相继出版了自己的天文年历。美国的天文年历虽然在 1855 年才问世，但很快就成为世界上最出色的天文年历。前苏联在 1938 年开始独立编算天文年历。

早期的天文年历有相当一部分是为了适应航海定位的需要，第一次世界大战后，这一部分单独成册，成为航海天文年历，其余部分经过充实，更适合于天文观测和研究。

天文年历的内容主要包括一年中太阳、月亮、各大行星和数百颗恒星在不同时刻的精确位置，月出、月没的时间，日月食、掩星等发生的时刻，等等。天文年历包含十多万个数据，有效数位达八九位，这显然比编一本日历要复杂多了。因此能独立编算天文年历的只有少数几个国家。

我国紫金山天文台在 1950 年开始参照国外天文年历每年出版一本天文年历，1954 年编算出版航海天文年历，1955 年又编算出版航空天文年历。1958 年以来，我国天文工作者经过不断努力，克服理论和技术上的重重困难，终于在1965年独立编制完成1969年和1970年两本《中国天文年历》，结束了依赖“洋历”的历史。

《中国天文年历》

今天各国天文年历的内容大同小异，一般包括以下几个方面：①太阳、月亮和各大行星在一年内不同时刻对于各种坐标系的精确位置，明亮小行星和彗星的历表；②一些恒星在不同时刻的精确位置；③日食、月食、月掩星、行星动态、日出日没和晨昏蒙影时刻，不同纬度的月出、月没时刻等天文现象的预报；④有关时间系统和坐标系统的数据；⑤按不同要求刊登太阳、月亮和行星物理观测历表、自然卫星历表；⑥各种辅助性历表。各国天文年历还参照本国情况，编算一些特需的数据，如日食的地方预报，我国特有的二十四节气等。

天文年历提供的历表和数据除了供天文台在天体测量和天体物理的一些观测和计算中使用，还直接为国防建设和国民经济服务。比如，测绘工作者根据天文年历给出的精确的恒星视位置，再通过测量恒星的坐标确定地理经纬度，从而绘制高精度的地图；铺铁道、建桥梁、修水库等大型工程，以及矿山建设都离不开准确的天文大地测量，洲际导弹和宇宙飞船在飞行过程中也常用天文导航的方法校准航向，这也需要有选定天体的星历表。20世纪末，航海、航空虽然可以用无线电和卫星导航，但多数仍用六分仪观测天体，再用航海或航空天文年历推算船舰或飞机的方位这一最基本最通用的方法，这是因为它简单易行，不需要大型设备，没有累积误差，也不会受到干扰。为了观测和计算方便，航海和航空天文年历只刊载太阳、月亮、金星、火星、木星、土星和一百多颗明亮恒星的位置，其精度略低于天文年历，但时间间隔较密，分别为1小时和10分钟。

天文年历除了印刷成书的形式，20世纪70年代后还出现计算机可阅读的电子历表。

您知道《天文普及年历》吗

天文年历版本大，页数多，数据精确，适合于专业工作者使用，一般的天文爱好者做常规观测没有必要每年购买一册价钱不菲的天文年历。许多国家都有普及性的天文年历出版，有的已有近百年的历史。

1977年，由紫金山天文台和北京天文馆合编的我国第一本《天文普及年历》出版，当时的紫金山天文台台长、我国著名天文学家张钰哲亲自为这本书题写了书名。这一年的8月10日，新华社为了介绍本书，还从北京发了一份电讯稿，其中写道：

一本用年历的形式普及天文知识的读物——《天文普及年历》出版了。

星星的出没、月亮的圆缺、太阳的南北回归、行星在星空中的往返，这些现象是人们常见的。彗星的出现，日食、月食的发生，也是人们普遍关心的自然现象。正确地理解天文现象，认识宇宙和天体，对于树立辩证唯物主义宇宙观很有意义。

《天文普及年历》就是中国科学院紫金山天文台和北京天文馆合编的普及性天文历书，书中载有纪念毛主席1953年视察紫金山天文台和周总理1957年视察北京天文馆的文章，刊载了太阳、月亮、五大行星、日月食、彗星、流星群以及变星、双星、星团、星云、星系等有关知识和数据。书中有每月星图一套和行星运动图，可以帮助人们认识星座和寻找行星。此外还刊有天文基本常识，名词解释，常用天文学数据以及全国各大、中城市的日出、日没时刻和月出、月没时刻。这些知识和数据资料，对于工农业、渔牧业、民航、城市供电照明等都有参考价值，对于辅导学校的地理、天文教学和开展业余天文观测也将起到一定的作用。

以后的《天文普及年历》大致就是这样一种格局，每年更换和增加一些新的内容，32开本，200页左右。1995年《天文普及年历》改版，作为中国天文学会和北京天文馆合办的《天文爱好者》的增刊出版，16开本，100页左右。2008年改成大16开本，126页，彩色印刷，内容做了调整，使其更加贴近天文爱好者，读者可以借助书中所提供的各类数据，进行各类天体的观测，对专业工作者也具有一定的参考价值。

为什么会出现日月食

日食，特别是日全食，是一种奇异壮观的天象，古往今来一直吸引着人们的注意。响天晴日，太阳突然被一个黑影挡住，太阳渐渐失去了光亮，顷刻之间夜幕降临，出现了一颗颗亮闪闪的星星，鸟儿们以为黑夜骤至，纷纷还巢。不一会儿，“黑太阳”又一点点儿亮起来，直至完全复明，雄鸡以为新一天来临，引颈啼鸣为人们报晓。

我们的祖先早在3 000年前，就记录了日食现象。最早的日食记载见于《尚书·胤征》：“乃季秋月朔辰，弗集于房。”据专家考证，这次日食发生在夏代仲康元年。文中记述反映出当时人们已注意到日食发生在朔日，所谓朔，就是日月位置在同一经度上的时刻。日食在朔日这个现象启示人们，日食是月亮遮掩了太阳的结果。

日食有三种类型：日全食、日偏食和日环食。日全食是整个太阳被挡住，日偏食是太阳的一部分被挡住，日环食是月球挡住了太阳的中心部分，周围还有一圈明亮的光环。天文学家通常把日全食和日环食称为中心食。

日食发生在朔，但并不是每个朔日都发生日食。这是因为月亮所运行的白道和太阳运行的黄道之间有一个5°09′的交角，即使日月经度相同，如果纬度相差大，也不会形成日食。只有当朔发生在离黄白交点一定范围之内才可能发生日食，这个范围叫做食限。在朔日前后，月球黄纬大于1°34′50″不会发生日食，小于1°24′33″必有日偏食，小于1°01′39″则有中心食或日偏食，小于0°54′则必有中心食。被月亮遮住的太阳部分视直径与整个太阳视直径之比称为食分。从日月合朔时离黄白交点的距离可算出食分的大小。

日食时，日面是被月轮逐渐遮掩的。由于月球自西向东绕地球转动，所以日食总是从日轮的西边缘向东边缘发展。日全食可分为五个阶段，即初亏、食既、食甚、生光和复圆。初亏是日食开始的瞬间，这时月面的东边缘与日面的西边缘外切。此后，月影锥继续移动，而达到月面的东边缘与日面的东边缘内切，月面将整个日面挡住，日全食开始。食甚是月轮的中心与日轮的中心相距最近的时刻。

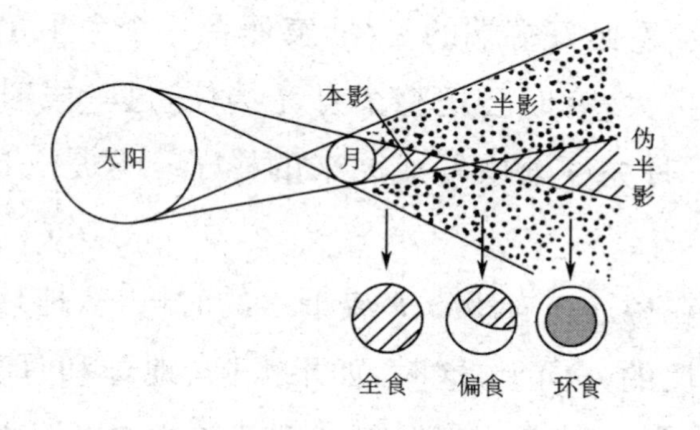

三类日食示意图

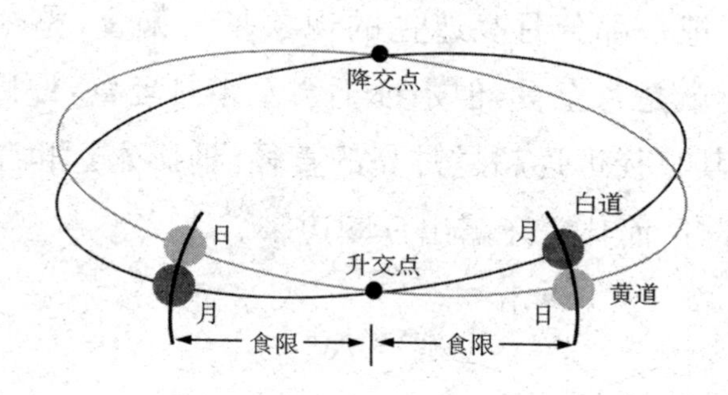

日食时限示意图

生光是日全食结束的时刻。生光是从日面的西边缘开始，这时月面的西边缘与日面的西边缘内切。复圆发生在日面的东边缘，这时日面与月面外切，月面完全不掩日面，日食全过程结束。

日偏食只有初亏、食甚和复圆三种食相。

由于月影自西向东扫过的速度远远大于地球自转的速度，所以月影在地面上仍然是由西向东移动。这样地面上不同地点看到日食发生的时刻就不同，西部比东部先看到。日食发生的时间、地点和类型可以根据地球、月球运动的规律精确地计算出来。日食每年最多可发生五次，最少也要发生两次。由于日食带的范围很小，地球上只有局部地区可见。对某一个地区而言，平均要二三百年才能见到一次日全食。

有时我们会看到好端端的月亮，突然在一个角上出现了黑影，这个黑影慢慢地扩大，有时会把整个月亮挡住，过一段时间后，黑影又一点点地退出，月亮逐渐恢复成原来的样子。这是一次月食的全部过程。

月食发生在望。在农历十五或十六的时候，从地球上看，月球正好和太阳在相反的方向上，这时，如果太阳、地球和月亮差不多在一条直线上，那么月球就会钻到太阳光投下的地球影子中去，于是就发生月食。影子把一部分月亮遮住的现象是月偏食，整个月亮都进入地球的影子时就是月全食，但永远不会发生月环食，原因是月亮穿过的地影部分，其直径远远超过月亮的直径，地影永远也不可能只遮住月亮的中间部分，而让它还露出一圈边来。

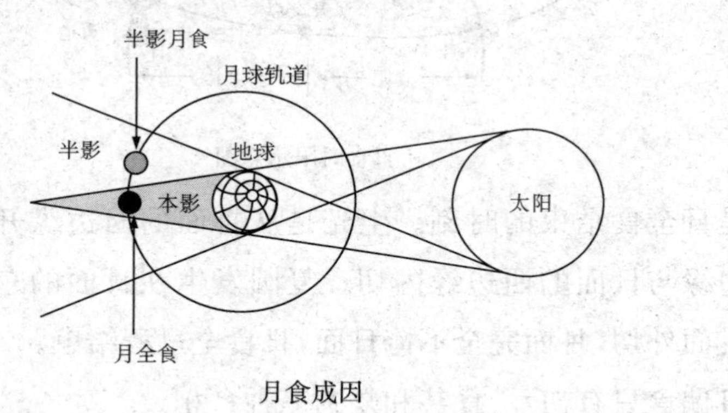

月食成因

和发生日食的道理一样，如果太阳和月亮远离交点，即使在望，月亮也不会钻进地球的影子，而是从地影旁边悄悄地溜过，这样就不会发生月食了。一年中发生月食的机会一般有两次，最多是三次，少的时候一次也没有。但我们看月食的机会却比看日食的机会多得多。原因是发生月食时凡是月亮已经升起在地平线上的地方都能看到月食。换句话说，半个地球上的人都能看到月食。一次月全食的全过程往往长达 3 个多小时，在此期间，地球已转了一个不小的角度，所以实际上多半个地球的人都能看到月食。

跟日食一样，天文学家也早已把今后许多年内将要发生的月食情况准确地计算出来。

什么是沙罗周期

对今天的人们来说，日月食是壮美的天象，尤其是日全食，更是人们追逐观测的天象。而古人偶然遇到日食或月食，总是惊慌失措，生怕失去这两个无法替代的天体。所以，中国、巴比伦和埃及等文明古国都十分重视日月食的观测、记录和预报。相传，在我国尧舜时代曾有专门监视日月食的官员，名叫羲和。一次日食发生时，羲和贪杯，没有及时通报，被砍了脑袋。

经过对日月食的长期观测，古巴比伦人最早发现日月食的发生是周期性的，每隔 6 585.3 日，太阳、月亮和地球就会回复到几乎与先前完全一样的相对位置，这段时间相当于 18 年 11.3 日（如果这期间有 5 个闰年就是 18 年 10.3 日）。因此，一次日食或月食之后的 18 年 11.3 日或 10.3 日，会发生另一次日食或月食，发生日月食的这个周期被称做“沙罗周期”。“沙罗”在巴比伦文字中是重复、恢复的意思。据此，古希腊科学家、哲学家泰勒斯首次预报了公元前 585 年 5 月 25 日的日食。

当时，小亚细亚（今土耳其的亚洲部分）安纳托利亚地方的吕底亚人和米提亚人之间发生了一场旷日持久的战争，双方死伤无数，空气中都弥漫着血腥味。泰勒斯不愿看到人们再继续厮杀下去了，但怎样才能制止他们呢？泰勒斯知道沙罗周期，推算出公元前585年5月28日将发生日全食。于是他利用人们对日食的恐惧心理编了一个谎言说："上帝对你们的战争很恼怒，将要用发生日食现象来警告你们。"然而当时交战双方并没有理会泰勒斯的忠告。

正当战斗进行得非常激烈的时候，日食发生了。不久，太阳完全被月亮挡住，四周变得漆黑一片。这时，人们想起了泰勒斯的预言，赶紧扔掉手中的武器，不顾一切地逃跑了。为了不受到上帝的惩罚，双方很快签订了永久和平条约，这是一份历史上著名的双方始终恪守的非侵略性条约。

我国汉朝的天文学家也发现过135个朔望月有23次交食的"类沙罗周期"。

沙罗周期是个近似值，再次见食时的经纬度和日、月视半径都有些变化。18世纪以来，天体测量学和天体力学的发展使天文学家能对太阳、地球和月亮的复杂运动进行非常精确的计算，推算出上下几千年日月食的发生日期。

为什么要观测日食

早期人们只是从天体力学的角度对日食进行研究的。17世纪中叶，贸易和航海需要精确的星表，但是月球的运动非常复杂，计算月亮运动成了困扰天文学家的难题。后来天文学家用日食时日面和月面的接触时刻所提供的精确时间标准来校正月球的星历表而成功地解决了这一问题。

19世纪中叶以后，随着分光学、光度学和照相技术的发展并应用于天文观测，日食观测开始转向研究太阳本身的物理状态。

人们很早就注意到日全食时太阳周围有明亮的辉光和火焰似的突出物，当时有人认为这可能是月球大气。1842年，天文学家通过日全食观测，确认那些腾空而起的火舌是太阳上正在进行的气流活动，称其为日珥。

在1868年8月18日的日全食观测中，法国天文学家詹逊拍摄日珥光谱发现了氦的谱线，27年后，英国化学家雷姆塞才在地球上找到了这种元素。1869年美国天文学家哈克尼斯在日全食时观测日冕，发现了一条绿色发射线，以为发现了太阳上某种未知元素，称为氪。直到20世纪40年代，人们才认证出这条谱线根本不是什么新元素，而是经过13次电离的铁离子产生的。通过观测日食，人们还发现日冕的温度极高，达到一百万摄氏度；英国天文学家洛基尔发现了太阳的色球层；美国天文学家发现了色球层的闪光光谱。

现代天文台已具备了平时观测太阳色球和日冕的仪器，但要想得到最精细的日冕照片和包含丰富太阳物理信息的闪光光谱还要等日全食时才能拍摄。在日全食时，天文学家还可利用不同时刻月面掩过日面的程度及射电望远镜记录的变化来判断射电源的准确位置，获取高分辨率的射电观测资料。

如果我们把海洋、陆地和大气层看做是与地球生命生存和发展息息相关的三个环境因素，那么位于地球高层大气的太阳系空间可算得上是人类活动的“第四环境”。当太阳上产生活动区时，特别是当耀斑爆发时，太阳的紫外线、X射线、γ射线、微粒辐射都会增强，导致地球的磁层、电离层、大气层的物理状态发生变化，从而产生一系列的地球物理效应，如磁暴、极光扰动、电离层骚扰、气象异常等，因此太阳活动越来越被人们所重视。科学家通过观测日食过程中月面逐渐掩过日面上的各种辐射源，来研究日食引起的各种地球物理现象的变化。

日食观测还可以用来验证广义相对论。1915 年，爱因斯坦根据广义相对论预言光线在引力场中会发生偏转，而在太阳附近偏转 1.75″。1919 年 5 月 29 日日全食时，英国天文学家爱丁顿首先观测到了光线偏转效应，与爱因斯坦预言基本一致。以后，又有不少人观测，但结果不尽相同。直到现在仍有一些天文学家把这一验证作为日全食的研究课题。

日全食的观测研究不仅可以取得平时无法获得的观测资料，还可以促进广泛的理论研究；不仅可以进行太阳物理本身的研究，还可以进行日地空间和地球物理等学科的研究，因此受到科学家们的普遍重视，观测的项目不断增多，观测的波段从光学、射电扩展到红外、紫外和 X 射线，观测的手段也从地面观测发展到高空甚至大气外观测。

日全食的过程

2012—2030 年我国可见日食

日期	食型	地名	食分	初亏	食甚	复圆
2012 年 5 月 21 日	环	北京	0.670	5 时 31 分	6 时 33 分	7 时 42 分
		沈阳	0.697	5 时 32 分	6 时 37 分	7 时 51 分
		上海	0.873	5 时 15 分	6 时 19 分	7 时 33 分
		武汉	0.819	5 时 28 分*	6 时 19 分	7 时 27 分
		广州***	0.962	5 时 46 分*	6 时 10 分	7 时 17 分
		重庆	0.777	6 时 01 分*	6 时 19 分	7 时 23 分
		拉萨	0.311**	7 时 02 分*	—	7 时 23 分
		西安	0.706	5 时 41 分*	6 时 25 分	7 时 30 分
		乌鲁木齐	0.419	6 时 42 分*	6 时 46 分	7 时 36 分
2015 年 3 月 20 日	全	乌鲁木齐	0.058	18 时 53 分	19 时 14 分	19 时 34 分
2016 年 3 月 9 日	全	上海	0.176	8 时 40 分	9 时 24 分	10 时 10 分
		武汉	0.145	8 时 33 分	9 时 11 分	9 时 51 分
		广州	0.307	8 时 07 分	8 时 58 分	9 时 54 分
		重庆	0.138	8 时 24 分	8 时 59 分	9 时 35 分
		拉萨	0.121	8 时 19 分	8 时 47 分	9 时 17 分
		西安	0.048	8 时 48 分	9 时 09 分	9 时 32 分
2018 年 8 月 11 日	偏	北京	0.340	18 时 12 分	18 时 51 分	19 时 14 分*
		沈阳	0.407	18 时 05 分	18 时 46 分	18 时 50 分*
		上海	0.095**	18 时 30 分	—	18 时 39 分*
		武汉	0.151	18 时 37 分	19 时 04 分	19 时 07 分*
		重庆	0.077	18 时 48 分	19 时 07 分	19 时 27 分
		西安	0.191	18 时 30 分	19 时 01 分	19 时 30 分
		乌鲁木齐	0.198	18 时 09 分	18 时 45 分	19 时 20 分

续表

日期	食型	地名	食分	初亏	食甚	复圆
2019年 1月6日	偏	北京	0.315	7时39分*	8时34分	9时41分
		沈阳	0.408	7时34分	8时44分	10时01分
		上海	0.185	7时41分	8时32分	9时28分
		武汉	0.103	7时48分	8时24分	9时04分
		西安	0.129	7时54分*	8时23分	9时05分
2019年 12月26日	环	北京	0.150	12时53分	13时47分	14时38分
		沈阳	0.154	13时10分	14时01分	14时38分
		上海	0.322	12时51分	14时09分	15时17分
		武汉	0.295	12时30分	13时49分	15时01分
		广州	0.440	12时14分	13时51分	15时17分
		重庆	0.303	12时02分	13时23分	14时42分
		拉萨	0.381	11时14分	12时31分	13时57分
		西安	0.221	12时20分	13时29分	14时36分
		乌鲁木齐	0.173	11时40分	12时31分	13时25分
2020年 6月21日	环	北京	0.590	14时33分	15时50分	16时58分
		沈阳	0.482	14时46分	15时54分	16时55分
		上海	0.778	14时45分	16时06分	17时16分
		武汉	0.863	14时30分	15时59分	17时15分
		广州	0.905	14时33分	16时06分	17时23分
		重庆	0.964	14时11分	15时48分	17时11分
		拉萨	0.953	13时26分	15时13分	16时50分
		西安	0.807	14时16分	15时47分	17时06分
		乌鲁木齐	0.611	13时55分	15时01分	16时24分

续表

日期	食型	地名	食分	初亏	食甚	复圆
2021年 6月10日	环	北京	0.127**	19时29分	—	19时39分*
		拉萨	0.013	20时32分	20时42分	20时52分
		西安	0.058**	19时48分	—	19时53分*
		乌鲁木齐	0.278	19时38分	20时26分	21时10分
2022年 10月25日	偏	拉萨	0.088**	19时06分	—	19时13分*
		乌鲁木齐	0.472**	18时34分	—	19时08分*
2030年 6月1日	环	北京	0.676	14时15分	15时45分	17时03分
		沈阳	0.779	14时23分	15时49分	17时04分
		上海	0.509	14时46分	16时05分	17时13分
		武汉	0.426	14时37分	15时58分	17时07分
		广州	0.223	15时05分	16时08分	17时02分
		重庆	0.325	14时25分	15时47分	16时56分
		拉萨	0.228	13时39分	15时01分	16时16分
		西安	0.471	14时14分	15时44分	17时00分
		乌鲁木齐	0.629	13时02分	14时43分	16时20分

*表示日出或日落时刻，无法看到初亏或复圆。

**表示日出或日落时的食分。

***表示可见到日环食。

2013—2030年我国可见月食

日期	食型	食分	初亏	食甚	复圆
2013年4月26日	偏	0.023	3时51分	4时07分	4时24分
2014年10月8日	全	1.171	17时14分	18时54分	20时34分
2015年4月4日	全	1.003	18时15分	20时00分	21时45分
2017年8月8日	偏	0.252	1时22分	2时20分	3时19分
2018年1月31日	全	1.321	19时47分	21时29分	23时11分
2018年7月28日	全	1.614	2时24分	4时21分	6时19分
2019年7月17日	偏	0.658	4时00分	5时30分	6时59分
2021年5月26日	全	1.016	17时44分	19时18分	20时52分
2021年11月19日	偏	0.979	15时18分	17时02分	18时47分
2022年11月8日	全	1.363	17时08分	18时58分	20时48分
2023年10月29日	偏	0.127	3时34分	4时13分	4时53分
2025年9月8日	全	1.367	0时26分	2时11分	3时56分
2026年3月3日	全	1.154	17时49分	19时33分	21时16分
2028年7月7日	偏	0.395	1时07分	2时19分	3时30分
2028年12月31日	全	1.251	23时07分	0时52分	2时36分
2029年12月21日	全	1.121	4时54分	6时41分	8时28分
2030年6月16日	偏	0.508	1时20分	2时32分	3时45分